基于蛋白质相互作用网络的
算法研究及其应用

汤希玮　著

科学出版社

北　京

内 容 简 介

为了揭示蛋白质网络的动态特征,酵母的时间序列基因表达谱被用于分离静态的蛋白质网络,进而构建随时间变化的动态蛋白质网络。为了理解蛋白质的关键性和聚集性,基因表达谱和亚细胞位置信息被引入蛋白质相互作用网络中,从而设计了一系列蛋白质复合物挖掘算法和关键蛋白质识别算法,并对新提出的算法进行了详细的、多角度的比较测试。考虑到蛋白质网络在疾病基因识别过程中所起的巨大作用,本书的后半部分,从蛋白质网络出发,重点研究了各种疾病基因与蛋白质网络的关系,提出了一系列与肿瘤等复杂疾病有关的基因识别算法。最后,集中探讨了蛋白质网络研究的新方向。

本书适合计算机科学、生物信息学、生物医学研究人员和教师阅读使用,也可作为相关专业本科生和研究生的学习参考材料。

图书在版编目(CIP)数据

基于蛋白质相互作用网络的算法研究及其应用/汤希玮著. —北京:科学出版社,2018.8
ISBN 978-7-03-058571-4

Ⅰ.①基⋯ Ⅱ.①汤⋯ Ⅲ.①蛋白质-基因组-研究 Ⅳ.①Q51

中国版本图书馆 CIP 数据核字(2018)第 196893 号

责任编辑:胡庆家 / 责任校对:邹慧卿
责任印制:张 伟 / 封面设计:无极书装

科 学 出 版 社 出版
北京东黄城根北街 16 号
邮政编码:100717
http://www.sciencep.com

北京建宏印刷有限公司 印刷
科学出版社发行 各地新华书店经销
*
2018 年 8 月第 一 版 开本:720×1000 B5
2019 年 9 月第二次印刷 印张:13 1/2 插页:1
字数:180 000
定价:98.00 元
(如有印装质量问题,我社负责调换)

前　言

自 2010 年接触蛋白质-蛋白质相互作用网络以来,作者在该领域的研究已经持续 8 年了,研究的方向涵盖动态蛋白质网络、关键蛋白质、蛋白质复合物和疾病基因等,在生物信息学相关的主要国际期刊上发表了一系列文章,有了这些研究积累之后就准备出一部专著,一方面是梳理并总结自己这些年的研究成果,另一方面是给生物信息学研究人员提供积极的借鉴,希望能够提高其研究工作效率。

生物体是一个非常复杂的系统。为了理解生命活动的运行机制,有必要从系统级别进行研究。随着高通量技术的飞速发展,产生了海量的组学数据,这给网络科学在生物信息学中的应用打下了坚实的数据基础。研究人员因此构建了各种类型的生物学网络,如代谢网络、基因调控网络、转录网络和蛋白质相互作用网络等,尽管这些网络普遍存在"假阳性"和"假阴性",但是在大数据时代,数据的完整性远比数据的准确性更重要,况且生物网络很好地满足了从整体上研究生命体的客观需求,因此基于生物网络的应用研究一直深受广大科研人员的青睐。

当前各种蛋白质组学数据库中搜集的蛋白质-蛋白质相互作用网络都是静止的,并没有从时间和空间上展开,但是生物体本身是活跃的,基因可能在不同的时间和空间(器官组织)上被表达,为了深刻理解细胞系统的动态性,有必要构建时间序列的蛋白质网络以及不同组织器官的蛋白质网络(空间网络)。作者利用时间序列的基因表达谱将酿酒酵母的静态蛋白质相互作用网络分离为 36 个不同时刻的动态蛋白质网络,该研究有一定的开创性,但也只是起了抛砖引玉的作用,作者认为利用时间或空间特征明显的生物学数据将静态的人类蛋白质相互作用网络转化为动态网络,应该是未来该领域最有价值的研究方向。

在蛋白质-蛋白质相互作用网络中,存在一个核心的蛋白质集合,这些蛋白质数量不多,但是在生物体的生命活动中起决定性作用,它们构成了生命体的基座,如果敲除这样的蛋白质会造成生命体不可逆转的损毁,这些蛋白质就是所谓的关键蛋白质。早期的关键蛋白质研究专注于网络的拓扑特征,后来为了克服组学数据中存在的假阳性,人们开始整合不同来源、不同类型的生物学数据,构建加权蛋白质网络并设计算法侦测关键蛋白质。作者将基因表达数据和蛋白质亚细胞位置数据引入蛋白质网络,先后提出了三种关键蛋白质侦测算法,这些算法有助于加深生物医学科学家对关键蛋白质的认识。作者认为由于关键蛋白质和疾病基因之间具有密切的关系,因此,关键蛋白质信息对识别疾病基因具有重要的意义,在设计计算机方法识别疾病基因的过程中,如何利用关键蛋白质数据是未来需要解决的重要科学问题。

聚集性是蛋白质-蛋白质相互作用网络最明显的特征,在大规模蛋白质相互作用网络环境中,少部分重要的、两两相互作用并紧密结合在一起的蛋白质构成了一个个的蛋白质复合物。蛋白质复合物产生的各种分子机制能执行大量生物功能,是生命活动中许多生物过程得以实现的基础。后基因组时代最大的挑战之一就是从蛋白质网络中识别蛋白质复合物。作者整合不同来源的生物学数据,设计了两种算法从加权蛋白质-蛋白质相互作用网络中识别蛋白质复合物。该研究从图论的角度出发,将蛋白质网络映射成图,图中的结点代表蛋白质,图中的边表示蛋白质之间的相互作用关系,密度子图对应网络中的复合物,挖掘蛋白质复合物的问题转化为识别图中的密度子图。考虑到生物网络的动态性,仅仅从静态网络中挖掘蛋白质复合物,还不足以反映生命活动的本质特征,作者认为未来的研究应该从挖掘静态的蛋白质复合物转向识别反映生物体动态特性的功能模块。

由于"关联推定"(guilt-by-associate)原则的存在,使得基于蛋白质-蛋白质相互作用网络识别疾病基因成为可能。一般的算法是以已知的疾病基因为种子结点,根据关联推定原则,在网络中寻找与种子结点密切相关的结点,这些结点最有可能是新的疾病基因。作者基于网络局部特征和全局特征提出了两种疾病基因识别算法。

蛋白质网络的动态性、关键性和聚集性等特征,为识别疾病基因开辟了新的研究道路,本书将这四个方面的研究结合为一个有机整体,力图展现蛋白质网络研究的核心内容,但由于个人水平有限,不足之处还请读者批评指正。

特别感谢中国国家自然科学基金委员会资助了本书的出版(项目编号:61472133 和 61772089)。

汤希玮
2018 年 5 月

目 录

前言

第1章 绪论 1
1.1 蛋白质网络的计算分析 1
1.1.1 蛋白质网络及其研究所面临的挑战 1
1.1.2 蛋白质网络研究的具体内容 4
1.2 蛋白质网络在疾病研究中的应用 11
1.2.1 过滤方法 13
1.2.2 文本和数据挖掘方法 13
1.2.3 基于网络的方法 15
1.3 本书的主要研究内容和框架 19
1.3.1 分离静态蛋白质网络为不同时刻的动态网络 20
1.3.2 关键蛋白质侦测算法 20
1.3.3 蛋白质复合物挖掘算法 21
1.3.4 疾病基因识别算法 22
1.4 本书的结构 23
1.5 本章总结 24

第2章 动态蛋白质网络研究 25
2.1 研究背景 25
2.2 动态蛋白质网络构建方法 27
2.2.1 数据集 27
2.2.2 重构 TC-PINs 28
2.2.3 从 TC-PINs 中识别蛋白质复合物 31
2.2.4 评价指标 32
2.3 结果和讨论 34
2.4 本章总结 46

第 3 章 关键蛋白质研究 …… 48
3.1 研究背景 …… 48
3.2 关键蛋白质侦测算法 WDC …… 51
3.2.1 算法描述 …… 51
3.2.2 结果和讨论 …… 54
3.3 关键蛋白质侦测算法 CNC …… 72
3.3.1 算法描述 …… 72
3.3.2 结果和讨论 …… 77
3.4 关键蛋白质侦测算法 SCP …… 82
3.4.1 算法描述 …… 82
3.4.2 结果和讨论 …… 87
3.5 本章总结 …… 95

第 4 章 蛋白质复合物研究 …… 97
4.1 研究背景 …… 97
4.2 蛋白质复合物挖掘算法 CMBI …… 99
4.2.1 算法描述 …… 99
4.2.2 结果和讨论 …… 105
4.3 蛋白质复合物挖掘算法 ClusterBFS …… 122
4.3.1 算法描述 …… 122
4.3.2 结果和讨论 …… 126
4.4 本章总结 …… 135

第 5 章 基于蛋白质网络的疾病基因研究 …… 137
5.1 研究背景 …… 137
5.2 疾病基因识别算法 PDMG …… 141
5.2.1 算法描述 …… 141
5.2.2 结果和讨论 …… 144
5.3 疾病基因识别算法 IMIDG …… 150
5.3.1 算法描述 …… 150
5.3.2 结果和讨论 …… 154
5.4 本章总结 …… 160

| 第 6 章 | 结束语 | 162 |

6.1 本书的主要贡献和创新点 … 162
6.2 展望 … 164

参考文献 … 166
后记 … 203
彩图

第1章 绪 论

1.1 蛋白质网络的计算分析

1.1.1 蛋白质网络及其研究所面临的挑战

因为人类基因组测序已经实现[1,2]，所以遗传学领域现在站到了重要的理论和实践进步的门槛上。这使得全面理解某生物体编码的蛋白质的表达、功能和调控变得至关重要，从而也诞生了蛋白质组学。蛋白质组是指在某一时刻被基因组、细胞、器官或生物体表达的蛋白质的完整集合，也是指在确定的条件下，在某一给定的时刻和给定类型的细胞或生物体中被表达的蛋白质的集合。蛋白质组学系统研究蛋白质的各种属性，目的是详细地描述在健康和疾病状态下，生物系统的结构、功能和控制方式。过去十年，在生物信息学领域中，关于蛋白质组学的研究呈爆发式增长。

在蛋白质组学中，一个特别受关注的领域是蛋白质相互作用的本质和它在生命活动中所扮演的角色。当两个或更多的蛋白质绑定在一起时，它们之间就以相互作用的方式实现其生物功能。蛋白质-蛋白质相互作用调控着大量的生物过程，包括转录的激活与抑制，免疫的、内分泌的和药理学的信号，细胞与细胞之间的相互作用，以及代谢和发育控制等[5-8]。蛋白质-蛋白质相互作用在生物中起着各种作用，并因相关的组成、亲缘关系和生存时间的不同而不同。侧链残基之间的共价键关联性是蛋白质折叠、装配和相互作用的基础[9]。这些关联性使蛋白质之间与之内的各种相互作用及关联变得更容易。根据不同的结构和功能特征，蛋白质-蛋白质相互作用可以按照几种不同的方式分类[10]。根据它们的相互作用的外观，可分为相似低聚物或相异低聚物的相互作用；根据它们的稳定性，可分为必须的或非必须的相互作用；根据它们的持续性，可分为瞬时的或永久的相互作用。一个给定的相互作用可能属于这三种类别中任意一种，也可能需要在某一条件下再次重新分类。例如，某相互作用可能在活的有机体内是瞬时的，但是在某一细胞条件下又变成永久的了。

研究者通过分析被注释的蛋白质，发现涉及同一细胞过程的蛋白质往往彼此之间发生相互作用[11]。根据未知蛋白质与功能已知的目标蛋白质之间的相互作用，研究者能假定未知蛋白质的功能。绘制蛋白质相互作用地图不仅有利于深刻理解蛋白质的功能，而且使为了解释细胞过程的分子机制而进行的功能路径的建模变得容易。蛋白质-蛋白质相互作用的研究对理解细胞内的蛋白质怎样活动很重要。在一个给定的细胞蛋白质组中，特征化蛋白质的相互作用将是沿着理解细胞的生物化学过程的道路上的里程碑。

两个或更多的蛋白质和某一特定的功能目标相互作用的结果能被几种不同的方式验证。研究者概括了蛋白质-蛋白质相互作用的几种可衡量的影响[12]。

• 蛋白质-蛋白质相互作用能改变酶的动力学属性，这可能是变构效应(allosteric effect)级别或底物结合(substrate binding)级别的微妙改变的结果。

• 蛋白质-蛋白质相互作用充当了允许底物通道(substrate channeling)的共性机理。

• 蛋白质-蛋白质相互作用创造了新的结合部位，尤其是对小的效应分子而言。

• 蛋白质-蛋白质相互作用使蛋白质失去活性或毁灭。

• 通过和不同的绑定伙伴相互作用改变蛋白质的基底(substrate)的特异性。

为了适当地理解蛋白质-蛋白质相互作用在细胞中的重要性，人们需要识别不同的相互作用，理解它们在细胞中是怎样产生的，确定相互作用的效果。

近年来，高通量实验技术(如双杂交系统[13,14]、质谱分析方法[15,16]

和蛋白质芯片技术[17-19])使得蛋白质相互作用数据日益丰富。研究者已经从这些异构的数据源构建了综合的蛋白质-蛋白质相互作用网络。然而,当前可用的大量蛋白质-蛋白质相互作用数据对实验研究提出了挑战。为了理解没有被特征化的蛋白质,蛋白质-蛋白质相互作用网络的计算分析变成了必要的补充工具。

蛋白质-蛋白质相互作用网络能被描述为相互作用的蛋白质构成的复杂系统。蛋白质-蛋白质相互作用网络的计算分析从蛋白质-蛋白质相互作用网络结构的表示开始。最简单的表示是包含结点和边的数学图形[20]。蛋白质代表图形中的结点,物理上相互作用的两个蛋白质表示为由一条边连接的邻居结点。基于这种图形表示,研究者能设计各种计算机方法(如数据挖掘、机器学习和统计方法)以揭示蛋白质-蛋白质相互作用网络在不同级别上的组织性。通过对网络的图形形式的检查,人们能获得各种深刻的见解。例如,图形中相邻的蛋白质通常被认为有共同的功能(即"guilt-by-association"特性)。因此,蛋白质的功能可能通过着眼于与它相互作用的蛋白质和它所属的蛋白质复合物而被预测。另外,网络中紧密相连的子图可能形成在某一生物过程中作为一个单元起作用的蛋白质复合物。网络拓扑特征(例如,它是否是无标度的小网络或者受幂次定律支配)的研究也能提高作者对生物系统的理解[21]。

一般而言,蛋白质-蛋白质相互作用网络的计算分析是具有挑战性的。研究者面临的常见的主要困难如下:

- 蛋白质-蛋白质相互作用是不可靠的。大规模的实验产生了大量的假阳性。例如,据文献[22]报道,高通量的酵母双杂交(Y2H)实验大约50%是可靠的。在当前研究的其他蛋白质-蛋白质相互作用网络中可能存在许多假阳性。
- 一个蛋白质可能有几种不同的功能。一个蛋白质可能被包含在一个或多个功能组中。因而,重叠的聚类应该从蛋白质-蛋白质相互作用网络中识别出来。因为传统的聚类方法通常产生没有交集的聚类,它们不能有效地运用于蛋白质-蛋白质相互作用网络。
- 具有不同功能的两个蛋白质频繁地相互作用。在不同的功能组中,蛋白质之间的随机连接扩大了蛋白质-蛋白质相互作用网络的拓扑复杂性,给侦测明确的分区部分(聚类或复合物)带来了困难。

最近,复杂系统[21,23]的研究试图从拓扑的角度,理解和特征化那些系统的结构性能。研究者已经在复杂系统中观察到小世界效应[24]、无标度分布[25,26]和层次模块性[27]。因而拓扑方法能被用于在一定程度上解决以上提到的挑战,并使蛋白质-蛋白质相互作用网络的有效的和精确的分析变得容易。

1.1.2 蛋白质网络研究的具体内容

(1) 拓扑特征分析

为了量化网络中一个被选结点有 k 个链接的概率,研究者[26]提出了度分布(表示为 $P(k)$)的概念。不同类型的网络以度分布为特征。例如,随机网络服从泊松分布(Poisson distribution)。相反,无标度网络服从幂律分布,即 $P(k) \sim k^{-\gamma}$。幂律分布表明少数 Hub 结点与大部分结点相连。当 $2 \leqslant \gamma \leqslant 3$ 时,Hub 结点在网络中起了重要作用[26]。最近的文献[28-31]指出,蛋白质-蛋白质相互作用网络具有无标度网络的特征,因此这种网络的度分布近似于幂律分布。在无标度网络中,大部分蛋白质仅参与了很少的相互作用,然而,少部分 Hub 结点参与了大量相互作用。

蛋白质-蛋白质相互作用网络也具有所谓的"小世界效应",即任意两个结点可能通过一条仅含有少数链接短路径连接在一起。小世界效应最初是在社会学研究中作为一个概念提出来的[32],它是一系列网络(包括互联网[21]、科研合作网[33]、英语词典[34]、代谢网络[35]和蛋白质-蛋白质相互作用网络[36,31])的特征。尽管小世界效应是随机网络的属性,但是无标度网络中的路径长度比小世界效应预测到路径长度短得多[37,38]。因而,无标度网络是超小型的。短路径长度表明在代谢物中的局部扰动可能很快扩散到整个网络。在蛋白质-蛋白质相互作用网络中被高度连接的结点(即 Hub 结点)之间很少直接彼此相连[39]。这不同于社会网络的配对的性质,在社会网络中有大量人际关系的个体之间往往直接有联系。相反,生物网络具有异配的属性,网络中被高度连接的结点之间很少有关联。

许多研究者最近提出了结点中心性、网页排名、聚类系数、中介中心性和桥接中心性等中心性指标作为衡量网络中部件的重要性手段[40-45]。例如，中介中心性[46]用于侦测划分一个网络时的最优位置[47,48]。研究者建议将改进后的介数割（betweenness cut）方法用于整合基因表达信息后的加权蛋白质-蛋白质相互作用网络[49]。也有人建议将结点度作为识别关键的网络部件的重要基础[29]。在这种模型中，幂律网络对随机攻击而言很强健，但是对有目标的攻击却显得非常脆弱[50]。有研究团队识别了三个真核蛋白质-蛋白质相互作用网络中的关键和非关键基因之间的（酵母、蠕虫和果蝇）度、介数、密切度中心性之间的区别[51]。新的子图中心性指标也被提出，它能特征化每个结点在一个网络的所有子图中的参与情况[42,52]。研究者通过弧形删除识别了致命结点，从而使网络子部件的隔离更容易[53]。文献[54]设计了聚类方法识别代谢路径中的功能模块，并且按照与被侦测功能模块相关的每个部件的拓扑位置对路径中的每个部件的角色进行了分类。

（2）模块性分析

文献[6]引入了功能模块的理念，并提供了系统地分析生物网络的大部分概念性工具。蛋白质-蛋白质相互作用网络中的功能模块代表了功能相关的蛋白质的最大集合。换句话说，它是由互相关联于某一给定生物过程或功能的蛋白质组成。大量聚类方法已经被用于蛋白质-蛋白质相互作用网络中的识别功能模块。然而，这些方法在精度方面受到限制，因为存在不可靠的相互作用而且网络本身是复杂的[22]。尤其是模块的重叠模式以及模块之间的交叠所导致的蛋白质-蛋白质相互作用网络的拓扑复杂性给功能模块的识别带来了挑战。因为蛋白质通常在不同的环境中执行不同的生物过程或功能，所以真实的功能模块是有重叠的。另外，不同功能模块之间的频繁的动态的交叉连接是有生物意义的，必须被考虑[55]。

为了分解复杂性，生物网络中模块的分层结构被提了出来[27]。这种模型的架构是基于具有嵌入式模块性的无标度拓扑结构。在这种模型中,少数 Hub 结点重要性被强调,这些结点被视作在网络被干扰期间物种生存的决定性因素以及分层结构的重要骨架。这种分层网络模型用于蛋白质-蛋白质相互作用网络可能是合理的,因为细胞的功能本质上是分层的,而且蛋白质-蛋白质相互作用网络包括少数具有生物致命性的 Hub 结点。

识别蛋白质-蛋白质相互作用网络中的功能模块或者模块性分析可能通过聚类分析成功地实现。在解释网络部件之间相互关系以及网络的拓扑结构方面,聚类分析是很有价值的。典型地说,聚类方法致力于侦测蛋白质-蛋白质相互作用网络的图形表示中紧密相连的子图。例如,极大团算法[56]用于侦测充分相连的完整的子图。为了弥补这种算法导致的高密度临界点的不足,研究者通过使用密度阈值或者最优化目标密度函数,能够识别相关的密度子图而不是完整子图[56,57]。许多使用可选密度函数的基于密度的聚类算法已经被提出[58-60]。

正如前面所指出的那样,分层聚类方法能用于生物网络,因为功能模块具有分层的本质[27,61]。这类方法迭代地合并结点或者递归地将图划分为两个或更多子图。为了迭代地合并结点,两个结点或者两个结点集合之间的相似性或距离需要被测量[62,63]。图的迭代划分涉及将被分割的结点或边的选择。基于划分的方法也被用于生物网络。例如,受限的邻居搜索聚类算法就是这样一个基于划分的方法[64],它使用成本函数确定最佳划分(聚类)[65]。还有研究团队基于共享更多共同邻居数的蛋白质对具有更高的相似性的这一规律,利用统计方法聚类蛋白质复合物[66]。

拓扑指标能结合进蛋白质-蛋白质相互作用网络的模块性分析中。研究人员发现蛋白质-蛋白质相互作用网络中识别的桥接结点能充当蛋白质模块之间的连接结点,因而移除桥接结点能保留网络的结构完整性。这些研究在蛋白质-蛋白质相互作用网络的模块性分析中起了非常重要的作用。移除桥接结点能产生一组来自于网络的不相连的部件。因此,在评估蛋白质-蛋白质相互作用网络中的模块的位置和数目时,使用桥接中心性移除桥接结点可能是一个出色的预处理步骤。这一研究[67,68]的结果显示,与其他方法相比,桥接结点移除方法能产生更大的功能模块，预测功能模块的精度也越高。

(3) 蛋白质功能预测

因为蛋白质功能预测本身是蛋白质-蛋白质相互作用网络分析的最终目标，所以蛋白质功能预测一直是这一领域的研究热点。

尽管大量关于酵母的研究已经进行，但是，在酵母的数据库中仍然存在大量在功能上没有被特征化的蛋白质。人类蛋白质的功能注释信息为全面理解细胞机制提供了坚实的基础，并且对药物发现和开发很有价值。蛋白质-蛋白质相互作用网络的可用性以及人们对它的研究兴趣促进了预测蛋白质功能的计算机方法的发展。

模块化的算法能预测蛋白质的功能。如果一个未知的蛋白质包含在一个功能模块中，那么它可能对模块所代表的功能有贡献。产生的功能模块可能因此提供一个预测未知蛋白质功能的框架。每个产生的模块可能包含少量未被特征化的蛋白质和大量被特征化的蛋白质。可以假定未知的蛋白质在模块的功能实现方面起到积极的作用。然而，因为模块化过程的精度很低，所以通过模块化手段预测蛋白质功能的精度也不高。为了获得更高的可靠性，应该直接从蛋白质-蛋白质相互作用网络的连接性或拓扑特征入手预测蛋白质的功能。

一些基于拓扑结构预测蛋白质功能的方法已经出现。最简单的是邻居计数方法，它通过直接邻居的蛋白质的已知功能的频率预测未知蛋白质的功能[55]。直接邻居的大部分功能也能在统计上进行评估[69]。如果考虑一个蛋白质的直接邻居的功能，那么其功能就可以假定为独立于所有其他蛋白质。这种假定导致了马尔科夫随机场模型的出现[70,71]。最近，已知蛋白质和未知蛋白质的共同邻居的数量已经被作为功能预测的基础[72]。

机器学习也广泛用于分析蛋白质-蛋白质相互作用网络，尤其是预测蛋白质功能。研究者开发了各种基于不同信息源的方法预测蛋白质功能。这些方法使用的输入信息包括蛋白质结构和序列、蛋白质结构域、蛋白质-蛋白质相互作用、遗传相互作用和基因表达分析。预测的精度因使用了多数据源信息而得到提高。基因本体(gene ontology,GO)数据库[73]就是那样一个语义集成的例子。

(4) 动态蛋白质网络

细胞在时间和空间上的变化活动对其生存和繁殖起着重要的作用。细胞的动态属性隐含在构成细胞生理基础的蛋白质网络的拓扑结构中。例如，裂殖酵母中的细胞分裂就受到它的蛋白质网络的控制。生物学家研究生物网络的动态性已经很多年了，一般而言，他们都关注受限环境中的单个的基因或蛋白质以及特定的相互作用。在更大一点的规模上，生物学家已经绘制了跨物种的代谢网络，它内在地包含了时间信息并依赖特定代谢物[74]。最近几年，研究者遇到了从全局角度研究动态蛋白质网络的前所未有的机会，因为各种各样的高通量实验数据使得他们能从基因组规模上理解分子相互作用。从而，许多研究者提出了大量定量模拟和仿真动态蛋白质网络系统的计算机方法[75-85]。还有许多研究团队关注利用基因组规模的实验数据集分析网络的动态性。

(5) 数据融合

近年来，整合不同来源的各种生物学数据来提高计算机方法精度的研究越来越受研究人员的青睐，并成为了蛋白质网络研究的热点。

正如前面提到的那样，网络的高度复杂性及其所包含的虚假的连接可能影响了计算机方法的精度。传统的计算机方法仅仅能预测两个蛋白质是否共享某一特定的功能，但是不能预测它们共享的全部功能。算法的有效性因为没有考虑蛋白质功能的全部可用信息而大打折扣。通过整合其他生物数据源，研究者能改善这些方法的可靠性。

· 融合 GO 信息

在生物信息学社区中，GO 是当前最广泛和提取的最好的本体数据库。它致力于解决基因及其产物的一致性描述。GO 数据库包括 GO 术语及其相互关系。前者是良好定义的生物术语，这些术语被组织成三个通用的概念分类：生物过程(biological process，BP)、分子功能(molecular functions，MF)和细胞组分(cellular component，CC)。GO 数据库也给每一个 GO 术语提供了注释，每个基因可以被注释为一个或更多的 GO 术语。因而 GO 数据库及其注释是发现功能信息的重要资源。最初，GO 信息被用于使基于表达数据的分析变得容易[86-88]，后来，它被用于和不可靠的蛋白质-蛋白质相互作用网络整合在一起来预测未知蛋白质的功能[73]以及识别功能模块[89,90]。

• 融合基因表达谱

基因表达谱提供了基因组中所有基因在某一给定条件下同时活动的快照,因而不需要单独检查每一个基因。基因的同步观测能深刻理解单个基因的功能和它们之间的功能相关性。基因表达谱在侦测功能模块方面是有用的,因为共表达网络中同一模块中的基因可能有相关的功能。

在文献[91]中,作者依据网络之间强烈相关的基因很有可能执行同一功能这一原则,提出了一种新的蛋白质功能模块侦测方法,计算了不同网络中作为功能模块的基因组的关联性的强度,并将这种强度和偶然发生的关联性的概率作比较。

首先,根据 K-相互最近邻居标准[92],稀疏的共表达网络被构建。每一个基因表达谱产生一列 K-最近邻居谱。然后,作者依据 Swendsen-Wang 蒙特卡罗仿真[93]计算了网络中一定数量结点(基因表达谱)的关联性。所有成对的、三个一组的和其他结点数一组的关联强度的分布被计算。这种分布能作为测试具有显著共表达蛋白质相互作用数据的基础。最后,在共表达网络中具有显著关联强度的蛋白质网络部件被识别。获得的结果能被显示为共表达网络的子结构。

• 融合蛋白质结构域信息

蛋白质结构域是蛋白质的结构或功能单元;它们在进化中是保守的,充当了蛋白质的建造模块。结构域被广泛用于预测蛋白质相互作用,且成功率很高[94,95]。基于结构域的预测方法确认蛋白质-蛋白质相互作用是结构域之间物理相互作用的结果。在文献[96]中,作者提出了一个基于结构域的统计学方法,即潜在的相互作用结构域对。在文献[94]中,作者提出了使用最大似然评估的概率方法。

最近,文献[97]的作者基于蛋白质-蛋白质相互作用网络和结构域信息开发了一种预测蛋白质功能的方法。该方法是基于包含共同相互作用结构域模式的两对相互作用蛋白质更可能和相似的功能联系在一起这一假定。例如,假定有两对蛋白质 A-B 和 C-D。蛋白质 A 和蛋白

质 C 有同样的模块结构域 X，蛋白质 B 和 D 共有模块结构域 Y。如果 X 和 Y 相互作用，那么，这两对蛋白质共享同样的相互作用结构域模式 X-Y。蛋白质 A 和 C 可能有相似的功能，蛋白质 B 和 D 也是。

这种方法也提议将数据挖掘用于四个不同物种的蛋白质相互作用网络。缺少结构域信息的蛋白质对被事先从数据集中移除。蛋白质结构域信息来自 Pfam(protein families database)[98]，蛋白质分子功能注释来自 GO 数据库。

理解结构域模式对适当地指派 GO 功能注释给蛋白质是必要的。这需要识别独一无二地留存在跨不同生物体的一组蛋白质-蛋白质相互作用对中的相互作用结构域模式。文献[97]的方法包括一个使用新的距离相似性指标查找具有相似功能的蛋白质相互作用对的集团。功能相似的蛋白质-蛋白质相互作用对的集合被构建，χ^2 统计量被用于从这些蛋白质-蛋白质相互作用集团中导出最有意义的相互作用的结构域模式。实验结果显示，与其他算法相比[70,71]，文献[97]的方法在预测蛋白质功能方面精度更高。

• 融合蛋白质定位信息

细胞中蛋白质的位置信息也能用于改善蛋白质网络计算分析的精度。这种信息尤其能用于指明蛋白质的功能或者过滤蛋白质-蛋白质相互作用网络中的噪声数据。定位信息和其他异构数据结合在一起后，能用于预测蛋白质-蛋白质相互作用网络[99]。组合异构数据预测功能链接图也被普遍低研究[100]。

在文献[101]中，作者提出了一种贝叶斯网络结构以便捕获基因组特征（蛋白质-蛋白质相互作用数据和定位信息）之间的依赖性和分类标记被预测的蛋白质功能。在这个模型中，蛋白质-蛋白质相互作用网络被区分为共定位(co-localization)蛋白质之间的网络和不同位置的蛋白质之间网络。这种方法假定共定位蛋白质-蛋白质相互作用网络应该比不同位置的蛋白质之间的网络更可靠。

方法的第一步是从 GRID(general repository for interaction datasets)数据库[102]中收集与酿酒酵母相关的蛋白质-蛋白质相互作用数据，从 MIPS(munich information center for protein sequences)数据

库[103]中收集位置信息,从 GO 数据库中收集功能类别信息。给每一个蛋白质定义一个特征向量并用收集到的数据库信息构建一个功能链接图。然后,算法识别了三个网络结构,即共定位蛋白质-蛋白质相互作用网络(共享相同位置的蛋白质之间的网络)、跨位置蛋白质-蛋白质相互作用网络(没有共享相同位置的蛋白质之间的网络)和其他类型网络。接下来,用贝叶斯理论计算蛋白质和 GO 术语的所有组合的后验概率。

这种方法的精度比其他仅仅使用蛋白质-蛋白质相互作用数据的方法更高[104]。

• 融合多种生物数据

以上的讨论说明,通过整合几个不同类型的基因组数据和蛋白质-蛋白质相互作用数据能进一步提高蛋白质网络的计算分析的精度。每种数据源都能增进对当前生物问题的全面理解。几个研究团队不断设计各种方法组合不同的数据源。有研究者使用贝叶斯网络整合不同来源的高通量生物数据,设计了基因的多数据源关联系统[105]。还有研究者开发了贝叶斯模型整合各种数据源,如蛋白质-蛋白质相互作用、微阵列数据、蛋白质复合物数据,在全局和局部范围预测蛋白质功能[106]。其他研究者开发了基于内核和贝叶斯模型的一些方法融合不同类型的生物数据[107,108]。

1.2 蛋白质网络在疾病研究中的应用

在生物医学和生物信息学领域,人类疾病基因识别是一个不断被研究的问题。2003 年完成的人类基因组项目识别了大约 20000 个人类 DNA 中的基因,但是,这些基因当中仍然有许多基因的功能和作用是未知的,而且,这仅仅只考虑了健康的 DNA。当前,遗传疾病如癌症、老年痴呆症、血友病等的病理机制人们刚开始了解。例如,乳腺癌中起作用的著名基因[109] BRCA1 和 BRCA2 仅仅导致了 5% 的发病率[110]。这样许多问题出现:涉及这种癌症的其他病理机制是什么? 有其他的基因涉及吗? 如果有,又是怎样涉及的? 这仅仅只是考虑了一种类型的癌症。按照美国国家癌症研究所的报告[111],至少存在 177 种不同类型的癌症。应付这些问题的直截了当的方法是用正常组织和疾病组织的大样本做生物实验,以测试不同条件下实验对象的病理反应,并且检查不同基因中的表达情况。这种方法的困难在于它耗费时间,需要专业的设备,经济代价很高。因此,在任何疾病研究项目的不同阶段,分子生物学家都需要选择一些基因或蛋白质做进一步的实验研究,同时由于资源有限而忽略其他基因或蛋白质。

进入 21 世纪,生物信息学研究日趋成熟,不同数据库提供了不同格式的可用生物数据,大量出版物也提供了新的信息。得益于这些进步,识别人类疾病基因的计算机方法开始出现并取得了长足的发展。识别疾病基因的计算机方法整合复杂的异构数据集如表达数据、序列信息、功能注释、蛋白质结构域信息、蛋白质相互作用和生物医学文献给基因排序,将最有希望的候选疾病基因提供给生物医学研究者,使他们在后续的研究中专注于最可能与疾病相关的基因,避免大量的时间和金钱浪费在那些不可能与疾病有关的基因上。

下一代测序技术的广泛使用对疾病基因的发现有重要影响,因为它使研究人员能够更快地识别潜在的与疾病有关的突变[112]。但是,正如许多全基因组关联分析研究(genome-wide association studies, GWAS)所揭示的那样[113],即使已知的常见变异体可能也具有未被注意的表型影响(如敏感性基因和修饰子基因)。而且,尽管大部分常见的单点变异体已经被发现,但是,大多数结构化变异体仍然是未知的[114]。在个体基因组的所有变异体中,结构化变异体的数目超过 70% 且难以被下一代测序技术[115]所侦测和特征化。基因内固有的可能影响生物功能(例如通过调控因子干扰)的变异体甚至更难被解释。例如,位于拼接外显子侧翼的基因内区域包含重要的拼接控制元素[116]。

这些考虑表明,尽管下一代测序技术明显有助于疾病基因的识别并且在许多情况下足以识别致病序列变异体(基因),但是它并不能使计算识别方法变得无关紧要。相反,计算识别方法能够和下一代测序技术一起作为重要的工具解释来自大规模重排序研究的变异体信息[117]。

细胞内和细胞间的相互关联关系,暗示着特定遗传变异的影响不仅仅局限于基因产物的的活跃性,它可能沿着网络中的边传播并改变在其他方面没有缺陷的基因产物的活性。因而,理解基因的网络环境对确定基因缺陷的表型影响是重要的[118,119]。跟随这个原则,本研究的重要假定是疾病的表型很少是单个受影响基因产物的结果,而是反映了复杂网络中相互作用的各种病理生物过程。这个被广泛认可的假定的推论是细胞分子部件之间的相互依赖关系导致了明显不同的表型之间深刻的功能关系、分子关系和因果关系。

基于生物网络的人类疾病基因识别方法有多种潜在的生物应用和临床应用。它们使得人们能够更好地理解细胞的相互关联关系对疾病进程的影响,并且能够识别疾病路径和疾病基因,反过来,又对药品开发提供了靶标,还能能够产生更好更精确的生物标记(监控受疾病干扰的网络的功能完整性)以及更好的疾病分类。

近年来,研究人员提出了大量的计算机方法进行人类疾病基因识别并取得了很大的成功。这些方法大致可以分为三类:过滤方法、文本和数据挖掘方法、基于网络的方法。

1.2.1 过滤方法

过滤方法首先定义理想的候选基因的属性,然后创建相应的过滤器,这些过滤器用于从候选基因池中选择最有希望的基因。这类方法通过过滤候选基因或者给候选基因排序得到更小的子集。例如,TEAM(tool for the integration of expression, and linkage and association maps)方法基于基因的功能(来自基因本体)和相关性状态(来自GWAS)过滤基因[120],Biofilter整合了几个数据库以及路径注释信息和蛋白质相互作用信息[121]对候选基因过滤。这些方法的局限在于严格的过滤过程没有对候选选基因集合进行良好的分析。如果与疾病相关的基因未能满足哪怕标准中的一个,它也会被简单地过滤掉,并变成假阳性。

1.2.2 文本和数据挖掘方法

与过滤方法相反,文本和数据挖掘方法通过将候选基因按照与疾病的相关性由强到弱排序，打破了过滤方法的局限。它们结合多种观点或者标准，但避免了过滤方法的硬阈值。

文本挖掘[122,123]汇集了所有仅依赖文本数据的方法。首先，一组关键词或知识片段的集合被用于检索一组与疾病相关的文档；其次，利用信息检索方法提取文档集中提到的基因；最后，被提取信息的统计评价强度被用于给每个基因打分。得出的结果是已知疾病基因和有希望的候选疾病基因的综合。来自文献的证据证明，这些有希望的候选疾病基因与相应的生物过程或疾病有关。例如，GeneProspector[124]和AGeneApart[125]等系统通过挖掘MEDLINE（国际上最权的生物医学文献数据库）寻找已知疾病基因和潜在的新疾病基因之间的关系。例如，AgeneApart被整合到染色体变异的DECIPHER数据库，凭借与表型（基于MEDLINE摘要）相关的已知疾病基因，对疾病基因座的解释提供支持。

尽管文本挖掘技术是强有力的候选疾病基因识别工具，但是，它们往往只能识别简单明了且具有丰富已知信息的候选基因[126]。相反，数据挖掘方法整合了知识库（可靠预测）和原始数据（新的预测）[127,128]。这些方法中的大部分依据候选疾病基因与已知疾病基因（也称种子基因）的相似性确定候选疾病基因。例如，它们能够评估哪些基因本体类别在已知疾病基因中被突出代表，然后识别属于这些基因本体类别的候选疾病基因。类似地，它们也能对照种子基因，评估候选基因的BLAST（basic local alignment search tool）得分，并选出与某些种子基因同源的候选基因。数据融合的过程汇聚了来自多数据源的相似性描述得分，进行全局的排序。Endeavour[127,129]和GeneDistiller[130]等工具就从十几个数据来源中整合了超过6种不同的基因组数据。另外，尽管跨物种的数据转移仍然是挑战，但是，模式生物的数据已经成为人类基因排序技术的丰富的信息来源[131]。例如，GeneSeeker[128]工具利用老鼠的表达数据帮助人类基因排序，相反，ToppGene[132]工具则借助了老鼠突变体的表型信息。Gpsy[133]是一种排序方案，它通过整合跨物种数据，扩展了Endeavour工具，设计了一种灵活的加权方案。

1.2.3 基于网络的方法

尽管人们对细胞网络的大部分理解来自模式生物,但是,过去十年,人类特有的分子相互作用组学数据[134]急速增长。大部分关注已经转向了分子网络,如蛋白质相互作用网络(结点是蛋白质,蛋白质之间的物理相互作用是边)[135,126]、代谢网络(结点是代谢物,如果两个代谢物参与了同样的生化反应[137-139],它们之间就存在一条边)、调控网络(边是转录因子和基因之间[140]或者转录因子和翻译后修饰子(例如激酶及其作用物)之间的调控关系)和 RNA 网络(包含调控 RNA(例如小分子非编码 microRNA、小分子干扰 RNA 和调控基因表达中的 DNA)之间的相互作用)。同时,越来越多的依赖表型网络(如共表达网络,网络中具有相似的共表达模式的基因被连接在一起;又如遗传网络,如果双重多变体的表型不同于两个单突变体的表型,那么两个基因被连接在一起[141,142])的研究先后出现。通常,表型网络的连接反应了分子网络中的某些路径。

网络理论帮助研究者深入理解生物网络的属性。人们在网络医学中取得的一系列进步说明着生物系统、技术系统和社会系统中网络的运作不是随机的,而是一组核心规律特征化的结果。从网络规律的环境中理解疾病,有助于人们处理与疾病相关的基因的基本属性。事实上,仅仅 10% 的人类基因与已知的疾病有关[143],因而疾病基因有不同于其他基因的独特的、可量化的特征吗?从网络的角度来看,这个问题可以转化为:疾病基因是随机地放在相互作用网络中,还是它们的位置和网络拓扑之间存在可侦测的相互关系?对这个问题的回答,导致了一系列将相互作用网络和人类疾病关联的假定,而且研究人员也证实了这些假定的有效性和可用性。一个被人们广泛承认的假定是生物网络中的高度结点(即具有较多邻居的结点)与疾病基因密切相关。许多事实对这一假定提供了支持。例如,与未受影响的蛋白质相比,肺部鳞状细胞癌中,向上调控的基因的蛋白质产物往往有更多的邻居[144]。在一项独立的研究中,研究人员发现 346 个与肿瘤有关的蛋白质具有的邻居数平均是非肿瘤蛋白质的邻居数的 2 倍[145]。除了肿瘤之外,一项研究还发现在 OMIM Morbid Map[35]中疾病基因比非疾病基因具有更多的相互作用。另一个影响深远的假定是疾病基因局部聚集为疾病模块。

如果基因或分子涉及特定生化过程或疾病，与它的直接相互作用伙伴可能也被认为在相同的生化过程中起了作用[146]。按照这种"局部"假定，与相同疾病有关的蛋白质高度倾向于彼此相互作用[147,148]。例如，一个研究团队观察到了与同一疾病相关的蛋白质之间的 290 个相互作用，比相应随机网络中的相互作用高 10 倍[147]。另外两个研究发现，与表型相似的疾病相关的基因，彼此之间的相互作用具有显著增加的趋势[149,150]。这些发现表明，如果一些疾病部件被识别，其他相关的疾病部件就可能在它们基于网络的邻居中找到。也就是说，每一种疾病与网络中定义明确的邻接图相关，这些邻接图就是所谓的"疾病模块"。

当人们试图理解疾病基因基于网络的位置时，需要区分三个概念：拓扑模块、功能模块和疾病模块。"拓扑模块"代表网络中的局部稠密邻接图，邻接图中的结点与图中的结点连接多，而与图外的结点连接少。这些模块能够使用网络聚类算法识别[141-155]。相反，"功能模块"表示同一网络邻接图中具有相似或相关功能的结点的聚集，这种功能在定义可侦测的表型过程中发挥了作用。"疾病模块"代表一组网络部件，这些部件共同致力于细胞功能并在特定疾病表型中起破坏作用。这三个概念是相互关联的。构成拓扑模块的细胞部件与细胞功能有密切的关系，因而，它们也对应功能模块，而且疾病是特定功能模块出了故障的结果[155]，这暗示一个功能模块也是一个疾病模块。然而，疾病模块有几个独一无二的重要特征：第一，疾病模块可能不与拓扑模块或者功能模块相同，但是可能彼此部分重叠；第二，疾病模块被定义为与特定疾病相关，因此每种疾病有其独特的模块；最后，一个基因、蛋白质或者代谢物可能与几种疾病模块有关，这意味着不同的疾病模块可能有部分重叠。

以上假定为基于网络的计算机方法识别人类疾病基因提供了生物学上的依据。最近几年，一些复杂的基于网络的疾病基因识别方法开始出现。这些方法能粗略地归为三类：连锁分析方法、基于疾病模块的方法和基于扩散的方法。

(1) 连锁分析方法

这类方法假定疾病蛋白质的直接相互作用伙伴可能与共同的疾病表型相关[148,156-158]。实际上，对一个疾病基因座而言，基因座(其蛋白质与某已知疾病蛋白质相互作用)中的基因集合在真实的致病基因中 10 倍富集[148]。如果还考虑细胞定位信息，这类方法能导致 1000 倍的富集(与随机选择相比)。以此为基础，连锁分析方法识别和确定了与严重综合型免疫缺乏症相关的蛋白酪氨酸激酶，因为它与已知致病基因相互作用。

(2) 基于疾病模块的方法

基于疾病模块的方法假定属于同一拓扑模块、功能模块或疾病模块的所有细胞部件很可能与同样的疾病相关[159,160]。这类方法从识别疾病模块开始，然后按照潜在疾病基因的标准，检验疾病模块的成员。基于当前可用的数据，研究人员能利用生物信息学方法识别疾病模块。简单地说，这种策略涉及构建器官和细胞中的相互作用组(网络)并识别子网或者疾病模块(包含了大部分疾病基因)。疾病模块中的基因如果与功能相关或者具有相互关联的表达模式，那么疾病模块就得到了验证。

基于疾病模块的方法的各种变体已经大范围地应用于疾病和病理表型，包括几种不同类型的癌症[161-168]、神经系统疾病[169-171]、心血管疾病[170,172]、系统性炎症[173,174]、肥胖症[174-177]、哮喘[178]、2 型糖尿病[179]和慢性疲劳综合症[180]。例如，Taylor 等[168]识别了与乳腺癌相关的致病蛋白质相互作用模块，提供了预测乳腺癌结果的指示器。类似地，Chen 等[175]识别了肝脏和脂肪器官中的子网，并识别了子网中与肥胖症和糖尿病相关的变体。他们的实验结果确证了以前提出的肥胖症和富集吞噬细胞的代谢子网之间的联系，验证了从前未知的基因即脂蛋白脂肪酶(Lpl)、β 内酰胺酶(Lactb)和蛋白质磷酸酶是转基因小鼠的肥胖症致病基因。这些基于疾病模块的方法也能用于探索病原体诱发的表型[181-183]。微生物学(和其他元基因组学)及其与人类疾病的关系给基于网络的方法提供了方便[184]。

疾病模块中,在已知疾病部件附近,可用的细胞相互作用图的覆盖率很低,这意味着需要额外识别相关的相互作用。这种方法成功地运用于几种疾病,包括亨廷顿疾病[185]、骨髓小脑失调[186]、乳腺癌[187]和精神分裂症[188]等。例如,从23个已知的运动失调基因出发,Lim等[186]利用酵母双杂交实验绘制已知疾病基因与其他人类蛋白质的相互作用图,其他蛋白质之间的相互作用被用于构建密度子图,而其他蛋白质与已知运动失调基因相连的边被移除。识别到的运动失调疾病模块的成员puratrophin 1,和许多已知的运动失调疾病基因相互作用,这是以前没有被发现的。后来,研究人员证实在小鼠中,敲除puratrophin 1基因,会导致类似运动失调的表型。

(3) 基于扩散的方法

基于扩散的方法的目的是识别与已知疾病基因密切相关的路径。在这些算法中,从已知疾病基因的蛋白质产物出发,沿着相互作用网络中的边随机游走,向外扩散,移除任何等概率的邻居。通过这种方式,人们能识别离已知疾病基因最近的结点和边,因为它们最可能被随机游走访问到。和多个已知疾病蛋白质相互作用的蛋白质将获得高概率的权重,那些可能不直接和任何疾病蛋白质相互作用,但是与已知疾病蛋白质的网络距离很近的蛋白质也一样。这种方法有助于排序涉及特定疾病的蛋白质和相互作用。这种方法的变体已经被用于侦测与大量疾病(从糖尿病到前列腺癌和老年痴呆症[189,190])相关的致病基因。

在这三类基于网络的方法中,每一类都在很大程度上探索相互作用组编码的拓扑结构和功能信息。连锁分析方法仅仅涉及成对的连锁信息(局部假定),相反,基于疾病模块的方法探索疾病基因的完整的网络邻接图(疾病模块假定)。最后,基于扩散的方法使用全网拓扑结构和已知疾病基因的位置编码的信息,同时探索拓扑模块性和功能模块性(精简原则)。因而,最近的比较研究发现,在同样的数据集上,基于连锁分析的方法具有最弱的致病基因识别能力,而基于扩散的方法提供了最好的预测性能[159]。

在所有识别疾病基因的计算机方法中,当前没有哪一种方法能占据支配地位[191,192]。一些方法更适合分析来自 GWAS 的多基因座（例如 G2D[193]和 Prioritizer[194]），相反，在没有已知疾病基因信息的情况下，使用其他方法更合适（例如 Candid 方法[195]和 PolySearch 方法[196]）。因此，研究人员试图同时使用多种计算机方法，尽最大可能识别疾病基因。在这种情况下，每种工具产生各自的识别结果，然后组合它们。例如，相比单基因遗传疾病，复杂疾病的候选基因更难排序，但是正如几个对 2 型糖尿病和肥胖症的研究所显示的那样[197-199]，结合多种计算机法能够改善识别结果的质量。

尽管识别疾病基因的计算机方法在过去几年有很大的改善，但是，一些方法学上的改进仍然是必须的。第一，我们对怎样使用多数据源或跨生物网络执行有用的预测仍然只有初步的认识。在方法学上需要做的工作是去掉预测方法中的偏差以及改善用于整合性预测的数据与网络的质量。第二，当前的计算机方法仍然处于"黑箱"阶段[200]，它们采用种子基因作为输入并产生一列排好序的候选基因，但并没有对预测到的候选基因与疾病的关系进行解释，这可能不利于进一步的生物分析。第三，基因和基因产物并不是孤立地起作用，而是作为复杂的分子网络的部件对疾病施加影响，因此从蛋白质之间的相互作用（边）和蛋白质复合物的角度出发，识别疾病基因更有生物医学意义。

1.3 本书的主要研究内容和框架

本书针对前面所述的蛋白质-蛋白质相互作用网络研究面临的重大挑战，致力于整合多种生物信息解决该领域目前处于国际前沿的若干热点问题。作者首先研究了蛋白质网络的动态性，将携带时间信息的生物数据整合到静态蛋白质网络中，构建不同时刻的蛋白质-蛋白质相互作用网络；然后，结合基因表达谱和蛋白质相互作用数据，利用加权度中心性从网络级别预测关键蛋白质；接下来，整合关键蛋白质信息、基因表达信息和蛋白质相互作用信息设计新的蛋白质复合物识别算法；最后，亚细胞位置信息被结合到蛋白质相互作用网络中，设计了新的疾病基因识别算法（图 1-3-1）。具体研究内容如下。

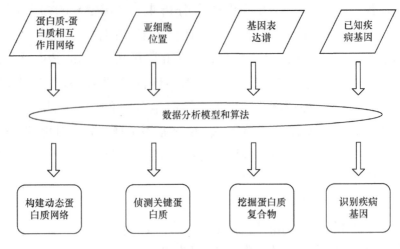

图 1-3-1　研究内容及基本框架

1.3.1　分离静态蛋白质网络为不同时刻的动态网络

基因表达数据能描述细胞在不同时刻的变化情况,如果能将时间序列的表达谱合理地融入静态的蛋白质-蛋白质相互作用网络中,不同时刻的动态网络就能构建出来。本研究将 36 个不同时刻酵母基因表达谱整合到相应的蛋白质网络中,通过设定阈值,构建了 36 个不同时刻的酵母蛋白质网络。为了检测新建立的时序网络的有效性,一系列的有关蛋白质网络生物学意义的评估过程被执行。

1.3.2　关键蛋白质侦测算法

(1) 加权度中心性算法

本研究整合蛋白质相互作用的拓扑特征和基因表达谱,设计了一种新的中心性测度方法,从酿酒酵母的蛋白质网络中预测关键蛋白质。新的测度方法命名为加权度中心性算法(weighted degree centrality,WDC),它能从蛋白质相互作用数据和基因表达数据中可靠地预测关键蛋白质。WDC 的预测结果显示,它远比其他预测方法有效。

(2) 区间和网络中心性算法

本研究设计的区间和网络中心性算法(compartment and network centrality,CNC)融合了蛋白质相互作用信息和亚细胞位置信息。首先,亚细胞位置信息被用于评估蛋白质网络中蛋白质之间的相互作用关系的重要程度,从而加权蛋白质-蛋白质相互作用网络。同时,相互作用的蛋白质之间的边聚集系数也被计算并再次给网络加权。然后,这两种加权方法构建的网络被整合成新的加权网络。最后,新网络中的每一个蛋白质及其直接邻居之间的加权值被累加并作为其得分。

(3) 关键蛋白质识别算法 SCP

本研究提出的 SCP 算法基于基因表达谱信息,计算相互作用的蛋白质之间的皮尔逊相关系数,然后把蛋白质的亚细胞定位信息与皮尔逊相关系数相结合,计算出网络中每个蛋白质的关键性得分,最后将蛋白质按其关键性得分降序排序,排序靠前的蛋白质被认为是关键蛋白质。

1.3.3 蛋白质复合物挖掘算法

(1) 整合多生物数据预测蛋白质复合物

本研究将多种生物数据(基因表达数据、关键蛋白质数据和蛋白质相互作用数据)整合在一起并利用蛋白质复合物的内在组织特性,开发了一种从蛋白质-蛋白质相互作用网络中识别复合物计算机方法,即 CMBI(clustering based on multiple biological information)算法被提出。具体而言,通过组合两个蛋白质之间的边聚类系数(edge clustering coefficient,ECC)和编码这两个蛋白质的基因的共表达谱(pearson correlation coefficient,PCC),CMBI 首先重新定义了两个相互作用的蛋白质之间的功能相似性。蛋白质相互作用网络中的关键蛋白质被依次选为种子并依据其邻居是否为关键蛋白质或功能相似而扩展成蛋白质复合物核。复合物核被构造后,CMBI 通过将复合物核的功能相似的邻居加入核中从而构造蛋白质复合物。另外,CMBI 也使用非关键蛋白质生成蛋白质复合物。这需要借助蛋白质复合物本身的组织特性。

(2) 加权网络中通用的复合物识别方法

本研究还开发了一种从各种已经建立的可靠的加权蛋白质网络中挖掘蛋白质复合物的通用计算机方法。该方法选择加权网络中任意蛋白质为种子,以子网加权密度为条件,广度优先搜索网络,将种子扩展成为复合物。在后续处理阶段,对预测到的复合物进行了必要的冗余控制。最后对复合物进行了质量评估,结果表明,与其他类似的方法相比,该方法挖掘的复合物的生物学意义更显著,而且能挖掘到大量完整的小尺寸复合物。

1.3.4 疾病基因识别算法

(1) 基于网络局部特征的疾病基因识别算法

本研究融合多种生物学数据并基于蛋白质-蛋白质相互作用网络的局部特征,提出了一种疾病基因识别算法 PDMG(predicting diabetes mellitus genes)。首先,亚细胞位置信息和蛋白质-蛋白质相互作用网络相结合,构建了加权蛋白质相互作用网络。为了构建加权网络,依据每种亚细胞位置区间中蛋白质数量的多少确定其重要性,因为不同位置区间的作用不同,在细胞活动中的重要性也不同。基于蛋白质所在位置区间的重要性,蛋白质-蛋白质之间的相互作用程度也因之被确定,则加权网络形成。然后,基于新构建的加权网络,从 OMIM(online mendelian inheritance in man)数据库中抽取的已知疾病基因作为种子扩展成疾病特异性网络。接下来,蛋白质及其所有邻居之间的加权值被累加,累加和作为该蛋白质的得分。最后,特异性网络中的蛋白质依据其得分降序排列。序靠前的蛋白质被认为与疾病相关并视为潜在的新疾病基因。

(2) 基于网络全局特征的疾病基因识别算法

本研究基于蛋白质-蛋白质相互作用网络的全局特征,提出了一种疾病基因识别算法 IMIDG(iteration method for identifying the disease genes)。首先,亚细胞位置信息被整合到人类蛋白质-蛋白质相互作用网络中,量化蛋白质之间的相互作用关系的可靠性,从而加权蛋白质-蛋白质相互作用网络被构建。然后,加权蛋白质-蛋白质相互作用网络被转化为邻接矩阵。蛋白质-蛋白质相互作用网络中所有蛋白质的初始值构成初始向量。基于邻接矩阵和初始向量,一个迭代函数被执行并给疾病候选基因打分。最后,候选基因按照其得分降序排列。基因列表中排序靠前的基因被认为与疾病相关。

1.4 本书的结构

本书的结构按如下方式组织：

第1章为绪论，先全面论述了蛋白质-蛋白质相互作用网络计算分析涉及的具体研究内容及其面临的重大挑战。然后，简单介绍了作者的研究内容。

第2章研究蛋白质网络的动态性。基于基因表达谱和蛋白质相互作用构建了时间序列的蛋白质网络。对比分析了来自静态和动态蛋白质网络的功能模块的生物学意义。还分析了不同时刻的网络中的功能模块的动态特性。

第3章研究蛋白质网络的聚关键性。本章整合多种生物信息，先后提出了三种关键蛋白质识别算法。描述了设计这些算法的动机、思想、实现过程及其生物学依据，也显示了这些算法与其他类似方法的比较分析结果。从统计数据和具体实例方面证明了本研究提出的算法的优越性。

第4章研究蛋白质网络的聚类性。本章融合多源生物数据，设计了两种蛋白质复合物挖掘算法。在第一种算法中，首先阐明了融合多源生物数据的生物学依据，然后结合基因表达谱和蛋白质相互作用网络，设计了新的加权网络，并根据蛋白质复合物由核心部分和附加部分组成的组织特异性，分别以关键蛋白质和非关键蛋白质为种子，开发了一种新的复合物预测方法。最后通过匹配分析和GO分析验证了生成的复合物的生物学意义，同时也提供了一些算法发现复合物的具体实例。第二种算法是先加权蛋白质网络，然后利用宽度优先搜索从加权网络中挖掘蛋白质复合物。

第5章研究蛋白质网络与疾病基因的关系。本章提出了两种疾病基因识别算法。它们结合多种生物数据，并分别基于蛋白质网络的局部和全局特征，建立数学模型识别新的疾病基因。

第6章总结全书并对未来的研究方向进行了展望。

1.5 本章总结

蛋白质-蛋白质相互作用网络是蛋白质组学的图形表示，是最重要的生物网络之一。探究生命活动的奥秘，始终是生物医学科学家不懈的追求，生物体内重要的生命活动都与蛋白质网络有关，因此，过去二十多年来，蛋白质组学一直是研究的热点。本章概述了蛋白质网络研究的各个细分领域以及有待解决的相关科学问题，还简略介绍了本书的主要研究内容，目的是使读者从整体上了解蛋白质网络的国内外现状。

第 2 章 动态蛋白质网络研究

2.1 研究背景

过去十年,大部分生物网络的研究集中于静态拓扑属性,网络被描述为结点和边的集合。这些网络的计算分析非常有助于理解基因的功能、生物路径和细胞组织。但是,实际上,细胞系统是高度动态的并能对环境刺激做出反应[201]的系统。细胞的功能和对外部刺激的反应模式受生物网络的调控。蛋白质相互作用网络、代谢网络、信号网络、转录调控网络和神经突触网络等都是大规模动态系统的代表。尽管在蛋白质组学规模的细胞网络的计算分析方面,人们已经取得了很大进展,但是,在计算网络分析中,这些网络中的内在动态性经常被忽略。因为很少有直接的与网络相互作用的暂时性动态信息可用,大多数分子相互作用网络建模和分析仅仅集中在网络的静态属性。然而,适当的细胞功能需要大量事件的精确协调,识别相互作用的时间和环境信息对理解细胞功能极其重要。网络映射是生命活动中动态系统的物理代表。具有静态连接性的网络是动态的,就这层意义而言,蛋白质实现所谓的随时间进化的功能活动性。在生物环境中,这些活动性代表了分子聚集度、酶的磷酸化状态、基因的表达水平或神经元或生理节律的脱极化。

从静态网络分析转向动态网络分析对进一步理解分子系统非常重要。而在此之前,作者首先需要弄清楚相互作用或网络的"动态性"的含义。简而言之,一个相互作用是否发生取决于空间、时间或环境的变化情况。相互作用可能是必须的,也可能只是在某一特殊情况下才发生。在这些动态变化的相互作用(有时指瞬间的相互作用)当中,变化可能或者是反应性的(例如,外生性因素导致的对环境刺激的反应)也可能是程序性的(例如,内生性的信号展示的细胞周期动态性或发育过程)。环境变化高度的和时间变化相重叠,但是特别关注怎样特征化反应性的变异,以及导致这种变异的条件。对环境的研究可能也包括检测一个种群内的序列或遗传变异,以及包括探索这种变异怎样影响网络的相互作用、拓扑特征和功能[202]。人们在研究发育、疾病进程和周期性的生物过程(如细胞周期、代谢周期[203]和完整的生命周期)时,发现时间过程分析是一个很重要的工具。最近,研究人员已经考虑用静态手段去填补这条"鸿沟"(指对蛋白质相互作用网络而已,精确的时间参数仍然不容易获得),即量化基因表达中的时间差别以及重构调控关系。通过整合酵母蛋白质相互作用网络和基因表达数据,Han 等暗示有些模块在特定的时间和位置是活动的[205]。在一项描述细胞周期过程中动态蛋白质复合物构成的研究中,人们发现被持续表达和被细胞周期调控的蛋白质在细胞周期过程中特定的时间点上一起形成蛋白质复合物[206]。Qi 等进一步指出整合各种数据集(二元相互作用、蛋白质复合物和表达谱)能识别在某些条件下活动的子网[207]。在本研究中,作者关注网络的时间方面,这允许作者研究在酿酒酵母的细胞周期中蛋白质模块装配的动态性。尽管蛋白质相互作用系统中精确的时间参数仍然不可用,但是通过整合其他的包括时间信息的生物资源(如基因表达数据),人们能解决或部分解决这个问题。本章中,作者结合时间序列基因表达数据[203]和蛋白质相互作用数据(http://dip.doembi.ucla.edu/dip/Download.cgi?SM=7)重构时间过程蛋白质相互作用网络(TC-PINs,time course protein interaction networks)。

　　因为作者已经将静态蛋白质相互作用网络在时间上展开,所以事先有必要区别一下两个生物概念,即蛋白质复合物和蛋白质功能模块。蛋白质复合物是指一些蛋白质在相同的时间和位置通过分子相互作用在物理上集合在一起。功能模块也包括一些蛋白质(或其他分子),它们彼此相互作用进而控制或者执行某一特殊功能。然而,与蛋白质复合物不同,功能模块中的蛋白质不一定在同一时间和位置相互作用[208]。Song 等用一种外部指标——基因本体(gene ontology,GO)定义功能模块[210]。也即,对某一 GO 生物过程或细胞组分功能术语,相应的模块包括所有被该术语注释的蛋白质。

TC-PINs被重构以后,一种代表性的聚类算法[211]被选中并用于从TC-PINs中创建功能模块。然后重复的功能模块只保留一个,被大复合物包含的小复合物全部丢弃。作者采用Bader等用过的评价方法[212]来确定剩下的功能模块怎样有效地匹配了已知的蛋白质复合物。为了进一步理解这些模块的生物重要性,GO功能富集分析被执行。最后,作为参考,该聚类算法也被用于从静态蛋白质相互作用网络和伪随机网络中识别功能模块,作者对识别的结果进行了同样的评价分析。

2.2 动态蛋白质网络构建方法

2.2.1 数据集

DIP(database of interacting proteins)数据集列出了已知的成对蛋白质。成对蛋白质之间的相互作用是指通过生物实验发现两个氨基酸链之间的绑定关系。该数据集列出的成对蛋白质有助于人们研究特定的蛋白质相互作用,也有助于人们研究完整的调控和信号路径,还有助于人们在细胞水平研究蛋白质网络的组织结构和复杂性。作者的研究中用到的酿酒酵母的蛋白质相互作用数据集来自DIP（http://dip.doe-mbi.ucla.edu/dip/Download.cgi?SM=7）。该数据集更新到2012年10月,总共包括4950个蛋白质和21788个相互作用。按照习惯,由于自相互作用代表自动调控或二聚体,作者的数据集中不包含这种相互作用,另外,重复的相互作用只保留一个。

酿酒酵母的时间过程基因表达数据和周期性转录数据来自文献[203],数据已经更新到2011年4月。原始的微阵列数据也可以从基因表达综合数据库下载,访问编号为GSE3431。该数据集实际上是一个9335行和36列的矩阵,包括了9335个探针在36个不同时间点的表达谱。按照昂飞公司提供的注释文件,作者将探针集映射为基因名,共得到6777个酿酒酵母基因。周期性转录文件包括了3552个唯一的表达基因,这些基因对应3656个探针,至少95%的可信度表明它们具有周期性[203]。

GO 富集分析中用到的基因本体和注释数据来自 http://geneontology.org(http://www.geneontology.org/gene-associations/submission/),更新到 2010 年 7 月。

2.2.2 重构 TC-PINs

在此之前,首要的问题也许是确定两个数据集的一致性。通过比较静态蛋白质相互作用网络中的 4950 个蛋白质和 6777 个基因产物[203],作者发现它们共有 4858 个蛋白质。因而,基因表达谱能覆盖静态蛋白质相互作用网络中超过 98% 的蛋白质。换句话说,这种结果显示组合两个数据集是合理的。

接下来,更大的挑战在于怎样选择一个适合的剪切阈值以过滤基因表达谱并且只保留具有最强生物学意义的基因产物。阈值应用步骤是一个主要的结合点,在该结合点上误差以假阳性和假阴性的方式被导入。如果阈值设置过高,重要的基因产物会丢失。另外,作者必须确保移除没有明显生物学意义的基因产物。已经有一些方法用于解决各种网络的阈值选择问题,这些方法包括任意阈值方法[213]、仅保留相互关系最强的百分之 x 的基因产物[214]、排列检验[215]、基于跳点比对过滤方法[216]、相互关系的统计重要性等[217,218]。

Tu 等[203]使用持续的培养系统揭示了酿酒酵母中有效的代谢周期。每一个周期被特征化为相继的还原/非呼吸阶段和氧化/呼吸阶段。在后一阶段同步培养系统迅速消耗氧气分子。他们执行表达谱的微阵列分析之后,发现超过一半的酵母基因(大约 3552 个)展现了周期性表达模式,这种模式在三个连续的酵母代谢周期(每个周期 12 个时间间隔)上具有 95% 的置信度。1023 个周期性基因编码了核糖体蛋白质、翻译启动因子、氨基酸生物合成酶、小核糖核酸、核糖核酸处理酶和其他硫代谢必须的蛋白质,这些周期性基因在氧化代谢阶段展现了相似的峰值表达模式。在还原/生成代谢阶段,当细胞停止消耗氧气时,977 个周期性基因的表达水平达到峰值。这些基因编码线粒体、组织蛋白、纺锤体极和其他蛋白质(DNA 复制和细胞分裂所必须的)。1510 个基因在还原/装载代谢阶段表达水平达到最大值。这些基因编码了代谢的非呼吸模式中涉及的蛋白质以及蛋白质的降解。在细胞的代谢周期中,这些周期性的基因在酵母的代谢周期中起了重要的作用,因此它们都有重要的生物学意义。另外,Tu 等[203]也指出周期性转录产物的平均表达水平比非周期性转录产物的平均表达水平要高大约 1.7 倍。作者研究了每个周期性基因在一个周期(12 个时间点)上的表达峰值之后,发现约 82% 的周期性基因的表达峰值大于 1.6。

因而,为了选中大部分周期性基因,作者采用类似 Ala 等[214]提出的方法确定潜在的阈值。换言之,在每一个时间点上,作者设置一个固定的阈值过滤转录产物,仅表达值大于阈值的基因被保留。

作者的 TC-PINs 重构算法包括如下步骤:

(1) 过滤基因表达谱

作者用于过滤原始基因表达数据的方法是通过比较每个时间点上的基因表达水平和固定的阈值(如 0.7)。剪切值的选择将在 2.3 节的"阈值选择的影响"部分讨论。基因表达谱被过滤了之后,大约 56.78% 的原始转录产物被保留。不同的基因产物的 36 个集合对应 36 个时间点。Tu 等将在 P calls 程序(昂飞公司开发的基因芯片软件)中出现三次的探针定义为被表达。按照这个标准,9335 个探针中的 7985 个(大约 86%)被表达了。6555 个无重复的且被开放阅读帧(open reading frames,ORFs)注释的探针中,有 6209 个探针被表达。通过过滤基因表达谱,大约 43% 的具有低表达水平的原始转录产物被移除,而且没有明显生物意义的基因产物基本被丢弃。

(2) 重构 TC-PINs

如果静态蛋白质相互作用网络中两个相互作用的蛋白质也出现在某一时间点的基因产物集合中,这两个蛋白质及其相互作用就构成了在该时间点上的 TC-PINs 的一部分。这个过程被不断重复,直到 TC-PINs 被创建为止。类似地,36 个 TC-PINs 均能被构建。图 2-2-1 显示了 TC-PINs 的重构过程。作者的方法主要包括两个阶段:筛选基因表达谱和重构 TC-PINs。

TC-PINs 重构算法的输入:静态蛋白质相互作用网络 $G=(V,E)$ 和

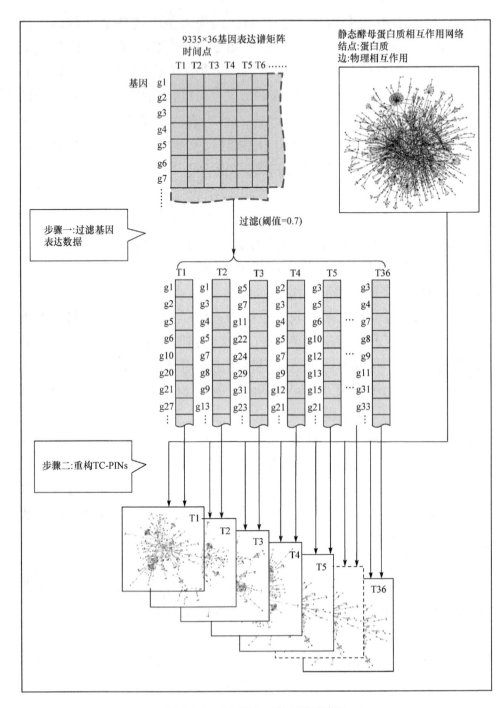

图 2-2-1　TC-PINs 重构过程示意图

36个基因产物集合 T1,T2,…,T36。输出结果：TC-PINs。算法过程：步骤一，对 G 中的每一对相互作用的蛋白质(p_i,p_j)，如果 $p_i \in$ T1 且 $p_j \in$ T1，则这对蛋白质被作为 TC-PIN T1 的一部分。步骤二，重复步骤一，直到静态蛋白质相互作用网络中的所有相互作用被处理完。然后 TC-PINs T1 被重构。类似地，剩余的 TC-PINs 能被创建。

2.2.3 从 TC-PINs 中识别蛋白质复合物

下一个紧迫的任务是从 TC-PINs 中识别有生物意义的功能模块。迄今为止，马尔科夫聚类算法(Markov cluster, MCL)[211]似乎是最成功的聚类方法之一，它能够将静态蛋白质相互作用网络划分为紧密相连的模块。MCL 算法基于预先计算的序列相似性信息将蛋白质指派给不同的功能模块。它们的实验结果显示，这种方法能迅速而精确地从大规模蛋白质网络中侦测蛋白质功能模块。Brohee 和 Helden[219]使用 MCODE(molecular complex detection)[212]，SPC(super paramagnetic clustering)[220]，RNSC(restricted neighborhood search clustering)[221]和 MCL 四个算法分别应用于来自高通量实验的 6 个不同的蛋白质相互作用网络，并且比较了不同网络中的聚类结果。他们发现 MCL 比其他算法更有效。Vlasblom 和 Wodak[222]发现与其他专门用来从非加权网络中识别蛋白质复合物的算法相比，MCL 也具大的优势。这些实验结果表明，与其他方法相比，MCL 算法更能忍受噪声并且更健壮。在 MCL 算法中，膨胀参数可以设置为不同的值。Wu 等[223]认为就 DIP 数据而言，最佳的膨胀参数值为 1.9。而作者的实验结果证明，当 MCL 算法运行于酵母的蛋白质相互作用网络时，最佳的参数值为 2.0。因此，作者使用 MCL 方法从 TC-PINs 中识别功能模块。以下作者将简单介绍 MCL 算法的基本原理。MCL 算法包括两个操作，即扩展和膨胀。MCL 在随机游走的每一步将过渡矩阵的值变为 0 或者 1，直到随机条件满足为止。算法首先将自循环添加输入图，缺省情况下，每个结点的自校正值被指派为连接这个结点的所有边的最大权值；然后，将图转换为随机马尔科夫矩阵。这个矩阵代表了所有结点对之间的过渡概率；任意两个结点之间的长度为 n 的随机游走的概率能通过给矩阵增加指

数 n（n 指扩展参数）计算出来。膨胀步骤将非线性导入到算法过程中，以便增强聚类内部的流并减弱聚类之间的流。因为聚类内部的长路径比聚类之间的长路径更多，所以在扩展矩阵中，同一模块内的结点之间概率将更高。MCL 通过接收扩展矩阵的元素指数，进一步放大了这种影响；然后重新调节每一列，以保持矩阵的随机性。迭代执行的扩展和膨胀操作将蛋白质相互作用网络划分为不同部分（即蛋白质功能模块或蛋白质复合物）。

MCL 算法用于从每张 TC-PINs 网络中创建功能模块。然后，作者用 Perl 语言编写了一个脚本程序移除重复的和被大的功能模块包含的小功能模块。

2.2.4 评价指标

（1）伪随机网络

评价问题是指有多大比例的相互作用的蛋白质能被偶然指派给同一模块。为了评估正确的聚类的随机期望，作者使用网络分析器（network analyzer）(http://www.mpi-inf.mpg.de/)在保持结点的连接性的前提下，重新随机分配结点之间的边，进而创建与原网络大小（保持相同的边数和结点数）相同的伪随机网络作为静态的酵母蛋白质相互作用网络。

（2）匹配评价

将识别出的功能模块与已知的蛋白质复合物比较是常用的评价方法之一。多年以来，已知的酵母蛋白质复合物一直来自 MIPS（munich information center of protein sequences）数据库。该数据集被广泛用作复合物的参考集合。尽管这种分类起来很大的作用，但是，它已经不能反映该研究领域的现状了。作者从 CYC2008[224]（catalogue of yeast complex 2008）获取了 408 个典型的复合物（包含两个或更多蛋白质），并将之作为已知的参考复合物集合。作者还利用文献[212]提供的得分方案确定算法识别的功能模块和已知复合物之间匹配程度。如果两个复合物彼此重叠，它们必须共有一个或一个以上的蛋白质。假定基准集合中的已知蛋白质复合物是有生物意义的，则可以用重叠得分（overlap score,OS)来测量识别出的功能模块的生物重要程度。一个已知蛋白质复合物和被识别的功能模块之间的重叠得分可以用公式(2-2-1)计算。

$$\text{OS}=\frac{i^2}{g\times h} \qquad (2\text{-}2\text{-}1)$$

式中,i 指功能模块和已知复合物之间共有的蛋白质数目,h 指被识别出来的功能模块中的蛋白质的数目,g 指已知复合物中的蛋白质数目。如果计算出来的重叠得分的值为 1,则意味着识别出来的功能模块和已知蛋白质复合物完全重合,拥有同样的蛋白质。相反,如果重叠得分的值为 0,则表示功能模块和已知蛋白质复合物没有共同的蛋白质[212]。

真阳性数(true positives,TP)指算法识别出功能模块(其重叠得分大于某一阈值)的数量;假阳性数(false positives,FP)指算法识别出的所有功能模块的数目减去 TP 后,剩下的功能模块数;假阴性数(false negatives,FN)指没有被算法识别出来的功能模块所匹配的已知蛋白质复合物的数目;从而,灵敏度(sensitivity,S_n)可以定义为 TP/(TP+FN)以及特异性(specificity,S_p)可以定义为 TP/(TP+FP)[212]。进而,灵敏度和特异性的调和平均值 F-measure 可以定义为

$$\text{F-measure}=\frac{2\times S_n\times S_p}{S_n+S_p} \qquad (2\text{-}2\text{-}2)$$

F-measure 能综合评价功能模块的生物学意义。

(3) 统计评价

基因本体项目提供了一种本体,该本体定义了用于代表基因产物属性的术语。基因本体(gene ontology,GO)包括三个区域:细胞组分(cellular component,CC)、分子功能(molecular function,MF)和生物过程(biological process,BP)。CC 指细胞的成分或细胞的外环境;MF 指基因产物在分子水平上的基本活动;BP 指定义了开始和结束的分子事件的集合,这些事件与整体的生命单元(细胞、组织、器官和有机体)的功能相关。GO 本体被结构化为有向无环图,每一个术语定义了在同一领域(有时也包括其他领域)内该术语与一个或一个以上其他术语的相互关系。GO 词汇表被设计为物种中立的并包括了应用于原核生物、真核生物、单细胞生物和多细胞生物的术语。

通过确定被注释为某一功能的已知蛋白质数目是否富集,人们能

将一个功能模块与已知的生物功能建立关联,这种关联能用超几何分布来判断是否存在。P 值能够用于确定一个被给蛋白质集合随机富集于某一被给生物功能的概率。在文献[225]中,它被用来作为给每一个聚类指派一个功能的标准。聚类的 P 值越小,越证明该聚类不是随机出现的。在 GO 注释的术语中,具有更小 P 值的一组基因比具有更高 P 值的基因更重要。

考虑一个包含 c 个蛋白质的聚类,其中 m 个蛋白质被注释为功能 A。假定在蛋白质相互作用数据集合中有 N 个蛋白质,它们当中的 M 个被注释为功能 A。观察到 N 个蛋白质中 m 或更多的蛋白质被注释为功能 A 的概率为

$$P = 1 - \sum_{i=0}^{m-1} \frac{\binom{M}{i}\binom{N-M}{c-i}}{\binom{N}{c}} \qquad (2\text{-}2\text{-}3)$$

基于以上的公式,三种本体中的每一个本体的 P 值都能计算出来。如果存在来自同一本体的多个功能注释,其中具有更小 P 值的注释被指派给聚类。也就是说,没有任何限制的 P 值并不能标示聚类的重要性。因而作者采用被推荐的剪切值 $0.01^{[226]}$ 来选择重要的功能模块。

GO::TermFinder 是一个评价 GO 术语(代表从一群基因中抽取的一组基因)统计重要性的流行软件包,它用公式(2-2-3)计算功能模块的 P 值[227]。GO::TermFinder 接收一列感兴趣的基因并且返回一组对应于这些基因的 GO 术语以及与基因列表中这些术语的富集相关的 P 值和 FDR(虚假发现率,false discovery rate)值。在本研究中,直接使用 GO::TermFinder 对从 TC-PINs 识别出的 2000 多个功能模块进行 GO 功能富集分析是不方便的,因为这个软件包每次仅能处理一个功能模块。因而,基于该软件的最新版本[228],作者用 Perl 语言开发一个自动依次处理大量功能模块的程序。

2.3 结果和讨论

(1) 各种网络中的功能模块

作者使用 MCL 算法从伪随机网络、静态蛋白质相互作用网络和

TC-PINs 三种网络中识别功能模块。

表 2-3-1 显示了从各种网络中识别出来的功能模块的属性。表中第二列指每种网络中识别出来的功能模块的数目,第三列指每种网络中识别出来的功能模块中最大功能模块包含的蛋白质的数目,第四列指每种网络中功能模块包含的蛋白质的平均数。所有被识别的功能模块均包含两个或两个以上的蛋白质。从表 2-3-1 可以看出,来自 TC-PINs 的功能模块比来自静态蛋白质相互作用网络的功能模块在数量上不止多一倍。TC-PINs 中的最大功能模块比静态蛋白质相互作用网络中最大的功能模块要小。一般而言,被识别的复合物如果包含的蛋白质较少往往有较大的 P 值,而如果被识别的复合物包含的蛋白质较多则具有较小的 P 值[229]。因而,作者将对具有大尺寸的复合物进行进一步的研究。图 2-3-1 显示了各种网络的功能模块的大小相对于 CYC2008 数据(已知的复合物集合)的分布情况。纵坐标表示功能模块数量,横坐标表示功能模块中蛋白质的数量。图 2-3-1 中矩形区域被放大后放置在图的右上角。

表 2-3-1　从各种网络中识别的功能模块的属性

网络类型	功能模块数目	最大模块的大小	模块的平均大小
TC-PINs	2063	88	12.32
静态蛋白质相互作用网络	932	112	5.04
伪随机网络	1169	74	3.82

如图 2-3-1 所示,从 TC-PINs 中识别出来的大功能模块数目比从静态蛋白质相互作用网络(图中标注为静态模块的曲线)识别出的大功能模块要多。例如,静态蛋白质相互作用网络仅仅提供了 3 个含蛋白质数目大于 80 的复合物,但是 TC-PINs 提供了 18 个这样的功能模块。18 个蛋白质数目大于 80 的功能模块中有 12 个具有 GO 功能注释。因此从 TC-PINs 中识别的功能模块比来自静态蛋白质相互作用网络的复合物更特殊并且 TC-PINs 至少能部分避免假阳性。这也说明从 TC-PINs 识别功能模块比从静态蛋白质相互作用网络中识别功能模块更合理。当然,伪随机网络的实验结果也证明 TC-PINs 具有强

的生物学意义。TC-PINs 的功能模块的特征部分证明动态网络的重构是成功的。但这些还不够充分,接下来作者将进行更严格和彻底的比较分析。

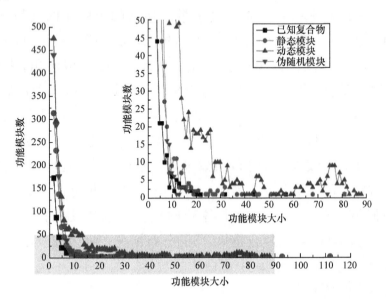

图 2-3-1　各种网络中功能模块大小和 CYC2008 中功能模块大小的分布情况
四条不同形状的曲线代表来自四种网络的功能模块的尺寸分布情况

（2）和已知蛋白质复合物的比较

来自不同类型网络（TC-PINs、静态蛋白质相互作用网络和伪随机网络）的功能模块（或复合物）的分析涉及与已有知识的比较。在这一小节,作者将不同网络提供的功能模块和 CYC2008[224] 中注释的已知复合物进行匹配。表 2-3-2 显示了不同类型网络提供的功能模块（或复合物）在 OS 的不同阈值区间上与已知复合物的匹配分析结果。

表 2-3-2　各种网络的结果

	TC-PINs		静态蛋白质网络		伪随机网络	
	Mp	Mk	Mp	Mk	Mp	Mk
OS≥0.0	408	408	408	408	408	408
OS≥0.1	757	331	291	307	262	222
OS≥0.2	443	232	175	197	38	41
OS≥0.3	290	159	131	142	0	0

续表

	TC-PINs		静态蛋白质网络		伪随机网络	
	Mp	Mk	Mp	Mk	Mp	Mk
OS≥0.4	187	125	102	109	0	0
OS≥0.5	135	98	84	87	0	0
OS≥0.6	76	63	47	48	0	0
OS≥0.7	31	28	25	25	0	0
OS≥0.8	20	20	18	18	0	0
OS≥0.9	18	18	15	15	0	0
OS≥1.0	18	18	15	15	0	0

注：Mp 指匹配了至少一个已知复合物的被识别功能模块的数目，Mk 指匹配了至少一个被识别功能模块的已知复合物的数目。阈值 0 表示当被识别的功能模块和已知的复合物没有共同的蛋白质时，仍然认为它们能匹配，也就是说，当 OS 值为 0 时，所有被识别的功能模块都能匹配已知的 408 个复合物，这实际上是完全不匹配的情况。

表 2-3-2 显示从功能模块的匹配情况来看，TC-PINs 比静态蛋白质相互作用网络的生物意义更显著，更不用说伪随机网络了。在文献[212]中，Bader 等研究了重叠得分 OS 的阈值对被识别的功能模块和被匹配的已知复合物在数量上的影响，他们发现与阈值区间[0.2,0.9]相比，在区间[0.0,0.2]上，被匹配的已知复合物的平均大小和最大值下降更快。[0.2,0.9]的阈值区间意味着许多被识别的功能模块仅仅和已知复合物共有一个或少数几个蛋白质。因此，区间[0.2,0.9]上的阈值似乎过滤掉了大部分与已知复合物匹配不佳的被识别功能模块。从表 2-3-2 可以发现，当 OS 的值大于 0.2 时，2063 个来自 TC-PINs 的功能模块当中，有 443 个匹配了 232 个已知复合物，但是，932 个来自静态蛋白质网络的复合物中，只有 175 个匹配了 197 个已知复合物。当 OS 的值大于 0.3 时，2063 个来自 TC-PINs 的功能模块当中，有 290 个匹配了 159 个已知复合物，而 932 个来自静态蛋白质网络的复合物中，只有 131 个匹配了 142 个已知复合物。接下来，作者使用前文描述的三个指标来评价被识别的功能模块的质量。如前所述的理由，作者将选择 OS 阈值 0.2 作为计算灵敏度、特异性和 F-measure 的基础。

图 2-3-2 给出了一个实例,在该实例中作者识别的 19/22S 调控功能模块能覆盖已知的 19/22 复合物(GO 编号为 0008541)[224]中更多的蛋白质。如图 2-3-2(a)所示,已知的 19/22 调控复合物包括 22 个蛋白质。来自 TC-PINs 的 19/22S 调控功能模块(图 2-3-2(a))包含 19 个蛋白质,覆盖了已知的 19/22 调控复合物中 17 个蛋白质。从静态蛋白质相互作用网络中识别的复合物(图 2-3-2(b))仅仅覆盖了已知的 19/22 调控复合物中 14 个蛋白质。与包含 4950 个蛋白质和 21788 个相互作用的静态蛋白质网络相比,仅仅平均包含 3520 个蛋白质和 14904 个相互作用的 TC-PINs 规模小的多。但是,在 TC-PINs 中完美匹配已知复合物的功能模块数比静态蛋白质网络的更多。另外,表 2-3-3 的实验结果显示当 MCL 算法运行于 TC-PINs 上时,获得了更高的灵敏度、特异性和 F-measure。

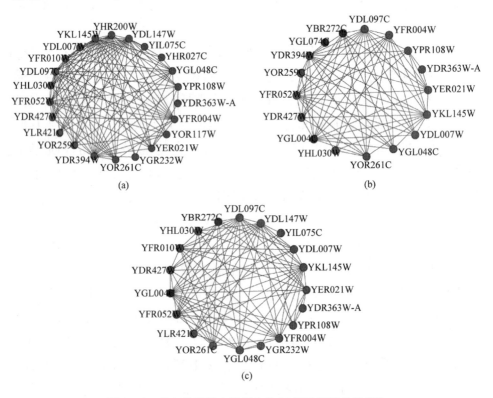

图 2-3-2 从各种网络中识别出的 19/22S 调控功能模块

表 2-3-3　各种网络提供的功能模块的匹配分析结果

网络类型	功能模块数	功能模块平均大小	完全比配数	灵敏度	特异性	F-measure
TC-PINs	2036	12.32	18	0.71	0.21	0.33
静态蛋白质网络	932	5.04	15	0.45	0.18	0.26
伪随机网络	1169	3.82	0	0.09	0.03	0.05

本小节的比较分析结果证明：加入了时间信息的动态网络极大地改善了作者获取生物意义显著地功能模块的能力。

(3) GO 功能富集分析

在许多研究中，GO 已经作为"黄金标准"来验证获得的网络功能模块的功能相关性。本小节，作者将使用基于 GO::TermFinder 软件包开发的 GO 分析工具对被识别的功能模块进行 GO 生物过程(BP)注释、GO 分子功能注释(MF)和 GO 细胞组分(CC)注释的 GO 功能富集分析。

首先，作者对从三类网络中识别的功能模块进行综合的 BP, MF 和 CC 分析。作者使用 GO 分析工具计算出了功能模块经过包法隆校正的 P 值。如果被识别的功能模块的 P 值小于 0.01，则该模块被认为是重要的和具有生物意义的[226]。表 2-3-4—表 2-3-6 显示了重要功能模块(指有 GO 功能注释的功能模块)的比例和包含 3 个以上蛋白质的功能模块的 P-score(各模块的 P 值取对数后的平均值)。

表 2-3-4　各种网络提供的功能模块的 GO BP 分析结果

网络类型	重要功能模块数	功能模块数	重要功能模块的比例	P-score
TC-PINs	957	1588	60.26%	7.20
静态蛋白质网络	314	619	50.73%	6.22
伪随机网络	62	732	8.33%	2.71

表 2-3-5　各种网络提供的功能模块的 GO MF 分析结果

网络类型	重要功能模块数	功能模块数	重要功能模块的比例	P-score
TC-PINs	1051	1588	66.18%	6.61
静态蛋白质网络	368	619	59.45%	6.12
伪随机网络	239	732	32.65%	3.08

表 2-3-6 各种网络提供的功能模块的 GO CC 分析结果

网络类型	重要功能模块数	功能模块数	重要功能模块的比例	P-score
TC-PINs	868	1588	54.66%	11.00
静态蛋白质网络	256	619	41.36%	8.03
伪随机网络	38	732	5.19%	3.03

如表 2-3-4 所示,从 TC-PINs 中抽取的重要功能模块的比例是 60.26%,然而来自静态蛋白质网络的比例只有 50.73%。TC-PINs 的功能模块的 P-score 是 7.20,而静态蛋白质网络的复合物的 P-score 是 6.22。732 个伪随机网络的复合物中,仅仅 62 个是重要的复合物。伪随机网络的复合物的 P-score 仅为 2.17。这些功能模块的实验结果表明伪随机网络几乎没有生物学意义。以上情况在表 2-3-5 中重现。除此之外,表 2-3-6 的 GO CC 分析进一步证明 TC-PINs 提供的功能模块的质量远比静态网络的复合物的质量要高。

其次,为了更精细地比较三种网络,作者将 P 值的取值范围依次划分外五个区间,即 $(0, \leqslant e-15)$,$[e-15, e-10)$,$[e-10, e-5)$,$[e-5, 0.01)$ 和 $\geqslant 0.01$。表 2-3-7 对应于 BP,表 2-3-8 对应于 MF,表 2-3-9 对应于 CC。这三种表显示了 P 值分别落在五个区间的被识别的功能模块的数目。表中的插入值指落在某个区间的功能模块数目在所有重要功能模块数目中所占的比例。正如在"GO 功能富集分析"一节所提到的,如果 P 值大于 0.01,则表示相应的功能模块没有生物学意义。表 2-3-7—表 2-3-9 显示,在区间 $\leqslant e-15$,$[e-15, e-10)$ 和 $[e-10, e-5)$ 上,与静态蛋白质网络相比,无论是绝对数还是百分比,TC-PINs 都提供了更多重要的功能模块。例如,TC-PINs 提供了 1588 个重要的功能模块,其中 87 个功能模块(所占比例为 5.48%)的 P 值小于 e-15,而 619 个静态蛋白质网络的复合物中只有 18 个(所占比例为 2.91%)这样的复合物。对于 BP 和 MF 的 GO 功能富集分析,在 P 值区间 $\leqslant e-15$ 上,TC-PINs 提供的功能模块的数目超过静态网络提供的复合物的数目的两倍,从百分比看,前者超过了后者一倍。对于 CC 的 GO 分析,在 P 值区间 $\leqslant e-15$ 上,TC-PINs 提供的功能模块数目超过静态网络提供的复合物数目的 4 倍,所占的比例是后者的 2.5 倍。从这三张表中,也可以发现伪随机网络提供的大部分复合物的 P 值都比 0.01 大。意味着这些复合物根本没有生物学意义。

表 2-3-7 功能模块的 BP 功能富集分析结果

网络类型	<e-15	[e-15,e-10)	[e-10,e-5)	[e-5,0.01)	>0.01
TC-PINs	87(5.48%)	142(8.94%)	257(16.18%)	471(29.66%)	631(39.74%)
静态蛋白质网络	18(2.91%)	29(4.68%)	77(12.44%)	190(30.69%)	305(49.28%)
伪随机网络	0	0	1(0.14%)	61(8.33%)	670(91.53%)

表 2-3-8 功能模块的 MF 功能富集分析结果

网络类型	<e-15	[e-15,e-10)	[e-10,e-5)	[e-5,0.01)	>0.01
TC-PINs	71(4.47%)	94(5.92%)	228(14.36%)	658(41.44%)	537(33.81%)
静态蛋白质网络	16(2.58%)	20(3.23%)	67(10.82%)	265(42.81%)	251(40.56%)
伪随机网络	0	0	1(0.14%)	238(32.51%)	493(67.35%)

表 2-3-9 功能模块的 CC 功能富集分析结果

网络类型	<e-15	[e-15,e-10)	[e-10,e-5)	[e-5,0.01)	>0.01
TC-PINs	203(12.78%)	104(6.55%)	201(12.66%)	360(22.67%)	720(45.34%)
静态蛋白质网络	31(5.01%)	22(3.55%)	73(11.79%)	130(21.00%)	363(58.65%)
伪随机网络	0	1(0.14%)	1(0.14%)	36(4.92%)	694(94.81%)

另外,表 2-3-10 给出了 TC-PINs 提供的 10 个具有很低 P 值的功能模块实例。这 10 个功能模块的虚假发现率(false discovery rate, FDR)均为 0。表中的第五列指被识别的功能模块(第三列)和已知的复合物(第四列)之间的重叠得分 OS。最后一列显示被识别的功能模块覆盖了已知复合物中多少蛋白质。在表 2-3-10 中,具有共同 GO 功能注释的模块中的蛋白质被加粗显示。

表 2-3-10 TC-PINs 提供的 10 个功能模块及其 P 值

功能模块编号	校正后的 P 值	功能模块中的蛋白质	已知复合物	OS	共有蛋白质数
1	2.71e-36	YNL151C YJL011C YOR116C YNL113W YNR003C YOR224C YPR187W YPR110C YOR207C YDL150W YDR045C YPR190C YKR025W YBR154C YKL144C YOR341W YBR150C YDL164C YDR200C YBL015W YKL103C YKL218C YFR040W YPR067W YOR210W YLL019C YNL248C YPL150W	DNA-directed edRNA polymerase III complex	0.54	16

续表

功能模块编号	校正后的 P 值	功能模块中的蛋白质	已知复合物	OS	共有蛋白质数
2	5.58e-29	YOR179C YJR093C YLR115W YKL018W YNL222W YAL043C YDR228C YNL317W YKL059C YDR195W YER133W YDR301W YPR107C YGR156W YLR277C YDR412W YMR260C YHR100C YJL033W YOR250C YKR002W YML030W YGL256W YOR227W	mRNA cleavage and polyadenylation specificity factor complex	0.63	15
3	4.64e-24	YGL004C YFR004W YLR421C YDR363W-A YDL147W YKL145W YPR108W YFR052W YGR232W YOR261C YIL075C YGL048C YER021W YDR427W YDL097C YDL007W YFR010W YHL030W YBR272C YBL084C	19/22S regulator complex	0.69	17
4	4.35e-22	YFR036W YDL008W YKL022C YLR102C YDR118W YNL172W YOR249C	anaphase-promoting complex	0.53	8
5	5.50e-17	YLR166C YER008C YGL233W YIL068C YDR166C YBR102C YIL068C YPR055W YMR002W	Exocyst complex	0.77	7
6	2.85e-15	YLR192C YOR361C YMR309C YDR429C YBR079C YDR091C YMR146C YPR041W YNL029C	eIF3 complex	0.57	6
7	9.60e-14	YOR115C YDR246W YGR166W YBR254C YDR407C YKR068C YDR108W YML077W YGR143W	TRAPP complex	0.71	8
8	1.15e-14	YNR035C YKL013C YIL062C YLR370C YBR234C YJR065C YPR019W YNL040W YDL029W YNL012W	Arp2/3 protein complex	0.70	7
9	2.79e-13	YHL025W YMR033W YPR034W YJL176C YBR289W YOR290C YPL016W YNR023W YFL049W YOR038C	SWI/SNF complex	0.68	9
10	3.45e-12	YGL226C-A YDL232W YJL002C YOR103C YGL022W YOR085W YEL002C YBL105C YGL247W YLR220W	oligosaccharyl transferase complex	0.54	7

图 2-3-3 显示三个 TC-PINs 提高的功能模块的实例。第一个例子（显示在图 2-3-3(a)）在表 2-3-10 中的编号为 6，它覆盖了已知复合物 eIF3(GO 编号为 0005852)[224]的 7 个蛋白质中的 6 个，而且有三个新的蛋白质。图 2-3-3(b)显示的被识别的功能模块（在表 2-3-10 中编号为 9）覆盖了已知复合物 SWI/SNF(GO 编号为 0016514)[224]中 9 个蛋白质，而且有一个新的蛋白质。图 2-3-3(c)显示的第三个功能模块（在表 2-3-10 中的编号为 10）覆盖了已知复合物 oligosaccharyl transferase(GO 编号为 0008250)[224]中 7 个蛋白质，而且有三个新的蛋白质。实际上在 TC-PINs 提供的功能模块中，有许多模块能很好地匹配已知复合物。综上所述，GO 分析的结果显示 TC-PINs 提供的功能模块的生物学意义远比静态网络要强。

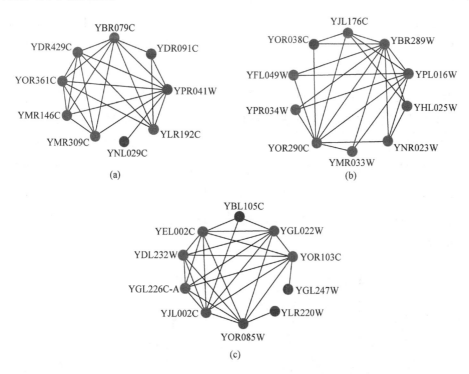

图 2-3-3　TC-PINs 提供的功能模块的例子

（4）被识别功能模块中的周期性基因

在被识别的许多功能模块中，存在一些特殊的蛋白质。这些蛋白质没有覆盖已知蛋白质复合物中的任何蛋白质，也没有和其他蛋白质一起完成某一功能，表面上看，它们没有明显的生物学意义。但是，它们是具有周期性特性的基因产物并且执行特定的细胞功能。图 2-3-4 显示两个包含周期性基因的功能模块的例子。图 2-3-4(a)中的功能模块匹配了已知的细胞核外切体复合物(GO 编号 0000176)[224]，它覆盖了该复合物的 12 个蛋白质中的 9 个。另外，蛋白质 YOL021C，YGR095C，YDR280W，YHR081W，YOL142W，YJL109C，YGR195W，YHR069C，YDL111C 和 YNL232W 在功能模块中有共同的 GO 功能注释。令人惊讶的是，功能模块中的蛋白质 YOR076C 没有在已知复合物中出现，也没有共享同样的 GO 功能注释。但是 YOR076C 是最具有周期性的基因产物之一，它的表达水平在细胞的还原/装配代谢阶段达到顶峰[203]。同时，功能模块中的蛋白质 YJL109C 也没有在已知复合物中出现，但是它是周期性基因产物，它的表达水平在氧化代谢阶段达到顶峰[203]。图 2-3-4(b)中的功能模块匹配了已知的细胞核核糖核酸酶 P 复合物，它覆盖了已知复合物的 9 个蛋白质中的 7 个。功能模块中蛋白质 YLR411W 和 YOR176W 没有参与其他蛋白质共有的生物功能，没有在已知复合物中出现，但是，它们是周期性基因产物。蛋白质 YLR411W 的表达水平在还原/创建代谢阶段达到峰值。蛋白质 YOR176W 的表达水平在还原/装配代谢阶段达到峰值。这些事实证明，作者用计算机方法发现的新事物与当前的生物知识是相符的，这也暗示作者的方法能发现新知识。当然，这些新的发现有待生物实验进一步验证。

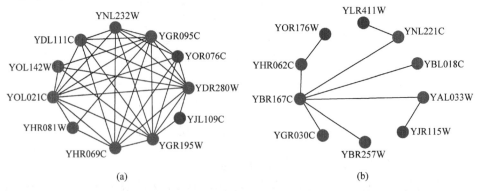

图 2-3-4　周期性基因的功能模块的例子

(5) 阈值选择的影响

在作者的方法中对阈值选择产生影响的主要因素有两个：被选中的周期性基因数目和 TC-PINs 提供的有生物学意义的功能模块的数目。表 2-3-11 显示了这两个因素在重叠得分 OS 的值为 0.2 时，对阈值的影响情况。正如表 2-3-11 所示，当阈值为 0.02 时，所有 3552 个周期基因都被选中，TC-PINs 提供的功能模块的 Mp，Mk 和 F-measure 的值与静态蛋白质网络中的复合物的相应值类似。换句话说，在这种情况下，TC-PINs 和静态蛋白质网络在生物意义上没有什么区别。当阈值不断增加时，新的功能模块数（即 Mp 值）和被匹配的已知复合物的数目（即 Mk 值）开始增加。但是被选中的周期性基因产物数目开始下降。当阈值增加到 1.6 时，被 TC-PINs 提供的功能模块匹配的已知复合物的数目远少于被静态蛋白质网络提供的复合物匹配的已知复合物的数目。在这种情况下，3552 个周期性基因中，仅仅 2786 个基因被选中。从表 2-3-11 也可以发现当阈值落在区间[0.3, 1.4]时，TC-PINs 提供的功能模块的生物学意义比静态蛋白质网络提供的复合物的生物学意义更强。另外，当阈值落在区间[0.7, 1.0]时，表 2-3-11 中的实验结果没有什么不同。因此在研究中，作者选择 0.7 作为阈值过滤基因表达谱。

表 2-3-11 动态网络随阈值变化时对比静态网络的结果

	周期性基因	模块	Mp	Mk	F-measure
TC-PINs Threshold = 2.0	2589	1777	343	173	0.29
TC-PINs Threshold = 1.6	2786	1939	386	183	0.30
TC-PINs Threshold = 1.4	2893	1960	397	203	0.31
TC-PINs Threshold = 1.2	3001	2060	448	218	0.33
TC-PINs Threshold = 1.0	3108	2042	463	226	0.35
TC-PINs Threshold = 0.9	3167	2114	451	224	0.33
TC-PINs Threshold = 0.7	3273	2063	443	232	0.33
TC-PINs Threshold = 0.5	3377	1765	345	222	0.30
TC-PINs Threshold = 0.3	3487	1558	290	210	0.28
TC-PINs Threshold = 0.02	3552	980	177	194	0.26
Static PPI networks		932	175	197	0.26

2.4 本章总结

在本章中，作者通过将基因表达数据结合到静态蛋白质相互作用网络中，重构了时间过程的蛋白质相互作用网络 TC-PINs 以便发现新的生物意义显著的功能块模块。然后作者使用 MCL 算法从 TC-PINs 中识别功能模块并对识别出的功能模块进行匹配分析和 GO 功能富集分析。作者不仅给出了统计分析结果，还列出了一些具体的实例。比较结果显示 TC-PINs 提供的功能模块具有更显著地生物学意义。

在研究中，当作者处理 MCL 识别出的功能模块时，发现一些功能模块会在不同的时间点重复出现。这似乎意味着功能模块是动态组装的，以便在时间上实现特定的生物功能。TC-PINs 提供的功能模块在某一时间点上形成一组功能模块。因为有 36 个时间过程的蛋白质网络，所以有 36 个功能模块集合。为了探究功能模块在各个时间点上的变化情况，图 2-4-1 给出了功能模块在 36 个功能模块集合中出现的频率。纵坐标代表功能模块的数目，横坐标代表功能模块在 36 个集合中出现的次数。所有功能模块是在表达谱的过滤阈值为 0.7 的条件下被识别的。如图 2-4-1 所示，在 36 个时间点都出现的功能模块有 206 个；在 35 个时间点都出现的功能模块有 65 个；类似地，在 2 个时间点上出现的功能模块有 166 个。另外，在 1 个时间点上出现的功能模块有 312 个。因此，作者认为未来研究 TC-PINs 提供的功能模块的时间特异性是有价值的。

未来另一个值得研究的问题是，怎样处理只有轻微不同的功能模块？MCL 算法从 TC-PINs 中识别了大量功能模块。这些功能模块当中，有些可能具有同样的生物功能，因而，有必要合并这些功能模块。当然，对于被大的功能模块包含的小的功能模块可以丢弃之。但是，怎样处理共有大部分蛋白质，而只有少数几个蛋白质不同的功能模块？是否这种合并取决于两个功能模块中那些少数的不同的蛋白质？

尽管在作者的研究中有问题需要解决，但是，作者的研究代表了一种成功的基础性的转移，即由蛋白质网络研究从静态转向动态。从前

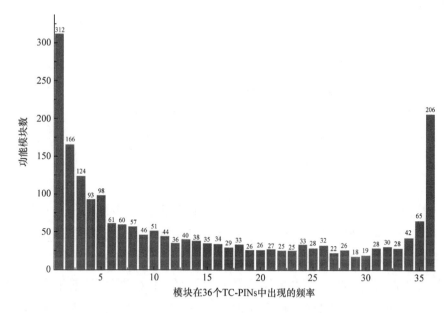

图 2-4-1 TC-PINs 提供的功能模块的时间特异性

在静态蛋白质网络上所做的研究,如功能模块识别、蛋白质功能预测和关键基因预测等,都可以移植到动态网络上来,并将取得更令人满意的实验结果。

第 3 章　关键蛋白质研究

3.1　研究背景

生物体在各种条件下生存必不可少的关键基因编码了关键蛋白质[230,231]。关键蛋白质形成了最小集合,该集合能够构建基座,基座中可互换的标准化基因回路产生具有所需特征的生物体[232-236]。确定哪些蛋白质起了关键作用和在什么条件下起作用对理解细胞生命的最小需求很重要[237]。识别关键蛋白质有利于发现人类致病基因和抵抗人类致病菌[238-240]。例如,药物设计能够从识别关键蛋白质中受益[241]。另外,关键蛋白质也充当了新抗体的潜在靶标[242]。

起初,人们提出了许多生物实验方法,例如单基因敲除[243]、RNA干扰[244]、条件敲除[245]等,侦测关键蛋白质。但是,这些基于生物实验的方法通常需要大量资源而且效率低下,例如需要为每个基因构建敲除压力。因为培养致病细菌生物体是有危险的,所以需要付出更高的实验代价。除此之外,生物实验方法并不是对所有生物体都适用,而是仅限于少部分物种。另一方面,在后基因组时代,随着许多基因组序列项目的完成和各种高通量实验技术(如酵母双杂交[246]、亲和纯化[247,249]和微阵列基因表达谱[250,251])的发展,大量蛋白质相互作用数据和基因表达数据被产生,可用的基因组信息给预测关键蛋白质的计算机方法提供了前所未有的机会。因而,许多研究者在最近几年设计了大量预测蛋白质关键性的计算机方法。基于这些计算机方法对于关键蛋白质的预测结果,人们可以只需对于排名靠前的那一部分进行实验分析。这样的方法不但可以得到比较高的关键蛋白质预测准确率,而且相比于对于全部蛋白质进行实验分析,其效率得到了大幅度提高。

关键蛋白质和蛋白质-蛋白质相互作用网络的拓扑特征之间的关联

性很早就引起了很多研究者的密切关注。Jeong等使用蛋白质相互作用网络的中心性来进行关键蛋白质的预测[252]。其实验结果显示那些连接边数比较多的结点往往正是关键蛋白质，而这些关键蛋白质在蛋白质相互作用网络发挥着核心作用。Pereira-Leal等也发现了相比于非关键蛋白质，关键蛋白质之间的联系更加紧密[253]。对于这种现象，He和Zhang给出一种解释，进而提出了关键蛋白质相互作用网络的概念[254]。他们发现相对应非关键蛋白质，关键蛋白质的进化更具有保守性。

这就是中心性-致死性规则[255]，即高度连接的蛋白质可能位于蛋白质-蛋白质相互作用网络的地基部分，移除这些蛋白质将导致网络坍塌。例如，酿酒酵母的蛋白质-蛋白质相互作用网络中，具有大量邻居的蛋白质更可能被关键基因编码[27]。基于中心性-致命性规则，度中心性(degree centrality,DC)[256]、介数中心性(betweenness centrality,BC)[257]、紧密度中心性(closeness centrality,CC)[258]、子图中心性(subgraph centrality,SC)[259]、特征向量中心性(eigenvector centrality,EC)[260]、信息中心性(information centrality,IC)[261]等方法被用于评估蛋白质的关键性。这些方法的输出结果表明它们显著地优于伪随机筛选关键蛋白质。随后，基于蛋白质-蛋白质相互作用网络的拓扑特征，更多的中心性方法被提出。Lin等探索了酿酒酵母蛋白质-蛋白质相互作用网络中蛋白质的关键性，提出了两种识别算法，即最大化邻居部件和最大化邻居部件密度[262]。Li等观察到非关键Hub蛋白质（直接和大量蛋白质相连的蛋白质）的邻居很少彼此相互作用，基于这一发现，他们开发了局部平均连通性技术[263]。边聚类系数(edge clustering coefficient,ECC)描述了网络中顶点的特征，它也被用于优选潜在的关键蛋白质，由此一种称为网络中心性(network centrality,NC)的方法被提出[264]。值得一提的是，网络中心性方法胜过其他类似的方法。

尽管蛋白质-蛋白质相互作用网络的拓扑特征有助于识别关键蛋白质，但是蛋白质-蛋白质相互作用网络的缺陷限制了计算机方法的有效性。首先，蛋白质-蛋白质相互作用网络中存在大量虚假的相互作用关系（即虚假边）。过高的假阴性率对计算机方法有负面影响。其次，蛋白质-蛋白质相互作用网络本身是不完整的。由于高通量技术的局限性,一些真实的相互作用关系仍然没有被发现。这种假阴性率降低了计算机方法的可靠性。另外,蛋白质相互作用网络包含了不稳定的相互作用或在不同时间点发生的相互作用,从而当前的蛋白质相互作用网络不能完全代表真实的网络,而仅仅只是一些不同网络快照的重叠[265]。为了应对这些挑战,一些研究人员开始结合不同来源不同种类的生物学数据加权蛋白质-蛋白质相互作用网络,提高网络的可靠性。Elena等研究了网络拓扑特征和蛋白质关键性之间的相互关系之后,发现大部分关键蛋白质与共享生物功能的关键复杂生物模块有关[266]。基于他们的发现,Ren等整合蛋白质复合物信息和蛋白质-蛋白质相互作用网络的拓扑特征识别关键蛋白质[267]。由于大多数关键蛋白质是保守蛋白质,Peng等通过整合蛋白质-蛋白质相互作用数据和蛋白质同源信息构建加权网络并提出了ION算法识别关键蛋白质[268]。Li等利用实验逻辑回归模型和功能相似性加权了蛋白质-蛋白质相互作用网络,并提出了一种关键蛋白质识别算法[269]。他们的方法改善了9种中心性方法的精度。基因本体信息也被用于评估蛋白质-蛋白质相互作用网络中每条边的可信度,相应的加权网络被构建。Luo等基于加权网络,计算了蛋白质的局部拓扑特征并识别关键蛋白质[270],通过整合基于表达谱和蛋白质-蛋白质相互作用数据,一种计算机方法被提出[271,272],它被命名为PeC(Pearson correlation and edge clustering coefficient)。PeC首先用皮尔逊相关系数(Pearson correlation coefficient,PCC)基于表达谱计算了两个相互作用的蛋白质之间的相似性,然后,利用网络拓扑特征计算了相互作用的蛋白质之间的边聚类系数(edge clustering coefficient,ECC),最后整合两种加权值,识别关键蛋白质。最近,人们逐渐发现亚细胞定位信息对于预测关键蛋白质以及其功能有着重要作用。Acencio和Lemke的研究表明,亚细胞定位信息是预测关键蛋白质的重要因素[273]。基于这些研究结果,Peng等[274]提出了一种令人印象深刻的计算机方法识别关键蛋白质。他们通过引入蛋白质亚细胞位置信息,找到一种新的方式确定蛋白质之间的相互作用的重要性,进而设计了一种称之为区间重要的中心性度量方法(compartment importance centrality,CIC)侦测关键蛋白质。他们的测试结果表明 CIC 比其他识别方法更好。但是，CIC 算法刻画蛋白质相互作用网络的能力有限，尤其是对于那些有比较大的亚细胞定位区域的数据来说，它很难区分落在这些区域内的相互作用（即网络中的边）的重要性。

在本章中，作者采用更有效的方法整合蛋白质相互作用的拓扑特征和基因表达谱，设计了一种新的中心性测度方法，从酿酒酵母的蛋白质网络中预测关键蛋白质。新的测度方法命名为加权度中心性（weighted degree centrality, WDC），它能从蛋白质相互作用数据和基因表达数据中可靠地预测关键蛋白质。WDC 的预测结果显示，它远比其他预测方法有效。

为了利用两种度量方法 NC 和 CIC 的优势，作者提出了一种新度量方法，即区间和网络中心性（compartment and network centrality, CNC）。具体而言，蛋白质亚细胞位置信息首先被用于加权蛋白质-蛋白质相互作用网络，然后相互作用的蛋白质之间的边聚类系数被用于计算网络的另一个权值，最后整合这两种方法，作者提出了 CNC 算法，并利用它识别关键蛋白质。使用结果表明 CNC 算法胜过 NC 和 CIC 方法，以及其他类似的方法。

为例克服 CIC 算法的不足，作者提出了一个新算法 SCP。首先，作者利用亚细胞定位信息提出了一种改进的 PageRank 算法。然后，结合基因表达谱计算出皮尔逊相关系数。最后把两者的结果相结合得到了新算法对于关键蛋白质预测的结果。

3.2 关键蛋白质侦测算法 WDC

3.2.1 算法描述

蛋白质之间的相互作用可以建模为非加权无向图，其中每个结点代表蛋白质，每条边代表蛋白质之间的相互作用。蛋白质相互作用网络建模为简单图在许多蛋白质网络的应用中（包括预测关键蛋白质）都是常见的。但是，在生物网络和其他网络中，不同的边，其重要性实际上是不同的。另一方面,尽管基因表达谱中存在大量的固有噪声,但是它们提供了基因组在不同实验条件下的信息。挑战性的任务是如何整合两类数据以便区别对待蛋白质网络中不同的相互作用。

作者基于皮尔逊相关系数 PCC 组合蛋白质相互作用网络和基因表达谱,然后构建加权网络并从中预测关键蛋白质。提出这种理念,作者是基于如下原因。PCC 经常用于确定两列基因表达值的相似性。另外,He 等发现大量关键蛋白质涉及一个或多个关键的蛋白质相互作用,这些相互作用一致地沿着网络边随机地分布[275]。有些研究如文献[276]指出关键性是蛋白质复合物的产物而不是单个蛋白质的产物。Zotenko 和他的同事重新检查了蛋白质网络的拓扑特征和蛋白质关键性之间的联系后发现,大多数 Hub 结点之所以关键,是因为它们涉及一组紧密相连的具有相同生物功能的蛋白质,这些生物功能富集于关键蛋白质中[277]。还有研究表明具有相似表达模式的基因往往具有相似的功能[278],此即所谓的关联推定(guilt-by-association,GBA)原则(即表达谱相似的基因具有相似的生物功能),该原则导致了很多微阵列研究的展开。以上的研究暗示整合这两类数据预测关键蛋白质是合理的。

为了给酵母蛋白质相互作用网络中的每个相互作用加权,作者首先基于编码蛋白质网络中两个相互作用的蛋白质的基因的表达谱,计算了这两个基因之间的 PCC;然后基于这两个相互作用的蛋白质的共同的邻居数,计算了它们的边聚类系数 ECC;基于 PCC 和 ECC,设计了一种加权打分模型,从而构建新的加权蛋白质相互作用网络;最后,作者计算了加权网络中每个结点的加权度并将所有结点(蛋白质)按照其加权度从大到小排序。以下详细描述 WDC 方法。

边聚类系数 ECC。Radicchi 等模拟常用的结点聚类系数提出了边聚类系数[279]。结点 i 和结点 j 之间的 ECC 被定义为它们之间真实存在的邻居数和可能存在的邻居数的比值:

$$\text{ECC}(i,j) = \frac{Z_{i,j}^{(3)}}{\min(k_i-1, k_j-1)} \quad (3\text{-}2\text{-}1)$$

公式(3-2-1)中 $Z_{i,j}^{(3)}$ 指实际存在的共同邻居数,k_i 和 k_j 分别指结点 i 和 j 的度。Wang 等已经使用 ECC 从蛋白质相互作用网络中预测关键蛋白质并且在预测精度方面获得了重要的改进。为了保持ECC的这种优势，作者计算了每个相互作用之间的ECC值并将之作为边的权值的一部分。

皮尔逊相关系数PCC。PCC一般用于测量两个变量之间的线性关系的强度。也简称为相关性系数。它也常用于衡量两个基因表达值集合之间的线性关系。假设有两列基因表达谱$X=(x_1,\cdots,x_n)$和$Y=(y_1,\cdots,y_n)$，则PCC的计算公式为

$$\text{PCC} = \frac{\sum_{i=1}^{n}(x_i-\bar{x})(y_i-\bar{y})}{\sqrt{\sum_{i=1}^{n}(x_i-\bar{x})^2}\sqrt{\sum_{i=1}^{n}(y_i-\bar{y})^2}} \qquad (3\text{-}2\text{-}2)$$

其中，$\bar{x}$表示基因X在36个时刻的表达值的平均值，$\bar{y}$表示基因Y在36个时刻的表达值的平均值。PCC的值在-1和1之间。当PCC的值为-1时，表示两个基因的表达谱完全负相关；当PCC的值为0时，表示两个基因的表达谱之间没有线性关系；而当PCC的值为1时，表示两个基因的表达谱完全正相关。表达谱呈线性相关意味着第一列表达谱是第二列表达谱的线性变换，也即，$ax_i+b=y_i$，其中a,b是常数。正相关表示两列表达谱同时增加或减少，而负相关表示一列表达谱的值增加时，另一列表达谱的值下降。作者将计算每一对相互作用的蛋白质之间的PCC值并将之作为加权值的一部分。

加权度中心性(weighted degree centrality, WDC)。本小节，作者将首先描述如何通过基因表达信息和蛋白质网络的拓扑特征给蛋白质网络加权。作者设计的加权公式如下：

$$W = \text{ECC} \times \lambda + \text{PCC} \times (1-\lambda) \qquad (3\text{-}2\text{-}3)$$

公式(3-2-3)中PCC和ECC分别代表皮尔逊相关系数和边聚类系数。常数λ的取值区间为$[0,1]$，当λ的值为1时，加权方法仅仅考虑了ECC，相反，当$\lambda=0$时，仅仅考虑了PCC。根据GBA原则[278]和边聚类系数的定义[279]，公式(3-2-3)的加权方法能较好地衡量蛋白质网络中相互作用的不同重要性，从而从整体上提高蛋白质网络的可靠性。接下来，作者用公式(3-2-3)构建了新的蛋白质加权网络，并在该网络上提出

了 WDC。根据蛋白质及其邻居之间的加权度，可以计算 WDC。具体而言，蛋白质 i（结点 i）的加权度中心性是与结点 i 直接相连的边上的权值之和，即

$$\mathrm{WDC}(i) = \sum_{j}^{N_i} W_{i,j} \tag{3-2-4}$$

此处 N_i 结点 i 的邻居的集合，$W_{i,j}$ 结点 i 及其邻居 j 之间的权值。蛋白质相互作用网络中的所有蛋白质按照它们的 WDC 值降序排列，此即为作者使用 WDC 方法预测的关键蛋白质的结果。

3.2.2 结果和讨论

(1) 数据来源

蛋白质相互作用数据。酵母的蛋白质相互作用数据下载自 DIP 数据库(http://dip.doe-mbi.ucla.edu/dip/Download.cgi?SM=7/)，已经更新到 2010 年 10 月。由于作者计算结点的加权度中心性时没有考虑自相互作用，而且中心性-致命性规则是在排除了自相互作用的条件下获得的，所以蛋白质相互作用数据集中的自相互作用被移除，移除后的网络仍然保持了它的生物学意义。去掉冗余后最终的蛋白质相互作用网络包括 24743 个相互作用和 5093 个蛋白质，其中 1167 个是关键蛋白质。

基因表达数据。作者研究了文献[272,280]中的酵母微阵列数据集。酵母的代谢周期数据强调了代谢周期中基因的动态特征并精确指出了每个基因在某一阶段的周期性。作者从 NCBI 的基因表达综合数据库 (http://www.ncbi.nlm.nih.gov/projects/geo/query/acc.cgi?acc=GSE3431)中下载了该数据集。它实际上是一个 9335 行和 36 列的矩阵，包括了 9335 个探针在 36 个不同的时间点上的表达谱。矩阵中列代表时间点，行代表基因在代谢周期上的表达谱。数据更新到 2011 年 4 月。按照昂飞公司提供的注释文件，探针被映射为基因名称。总共获得了 6777 个酵母的基因产物。

综合的关键蛋白质数据集。酵母的关键蛋白质分别来自四个数据库：MIPS[281]，SGD[282]，DEG[283] 和 SGDP (http://www.sequence.

stanford. edu/group/yeast deletion project),总共包括1285个关键蛋白质。另外,作者也从MIPS[281]数据库中下载了4394个标准的非关键蛋白质。

(2) 各种预测方法的ROC曲线分析

接受器工作特征曲线(receiver operator characteristic,ROC)常用来评估二元分类系统的性能。在该曲线图中,横坐标表示假阳性率,纵坐标表示真阳性率。ROC曲线下的面积(area under curve,AUC)越大,说明该二元分类系统的性能越好,因为二元分类系统在获得高的真阳性率的同时保持了低的假阳性率。如果曲线下的面积趋近1.0,则说明系统的分类效果最佳,如果曲线下的面积趋近0.5,则说明分类效果较差。在实验中,作者使用ROC的AUC统计量分类测度以检查不同的关键蛋白质预测方法的性能。

图3-2-1显示了WDC,NC,PeC和DC四种关键蛋白质预测方法的ROC曲线。从图中可以看出,WDC和NC的曲线下区域AUC分别是0.691和0.689;DC和PeC的AUC分别是0.671和0.633。ROC曲线图显示的结果表明,与方法DC和PeC相比,WDC和NC更适合区分关键蛋白质和其他蛋白质。对于方法PeC,ROC曲线图反映的是当横坐标从左到右移动时,其真阳性率比其他方法更低。作者的方法WDC和方法PeC之间的区别在于对蛋白质网络的加权方法不同。在WDC中,当参数λ的值为0.5时,加权公式实际变成了(ECC+PCC)/2,而PeC的加权公式为ECC×PCC。作者将试图分析这两种加权方法的区别。Wang等[284]已经使用ECC作为两个相互作用的蛋白质之间的权值,所以如下的讨论将以ECC这种加权方法作为参考标准。由于蛋白质相互作用数据中存在较高的假阳性率(即存在许多虚假的相互作用)和假阴性率(即漏掉了不少真实的相互作用),所以使用ECC加权蛋白质相互作用网络并以此为基础预测关键蛋白质实际上是不精确的。如果存在与两个相互作用的蛋白质相关的虚假相互作用,则它们之间的ECC计算值可能比真实的ECC值要高。相反,如果与两个相互作用的蛋白质相关真实的相互作用没有完全被生物学家发现,即存在遗漏的相互作用,则这两个蛋白质之间的ECC计算值就会比真实的ECC值要低。

这种由于假阳性和假阴性导致的误差能够通过引入 PCC 而获得改善。当 PCC 的值大于 0 时，表示编码一对相互作用蛋白质的基因可能是共表达的。在这种情况下，WDC 加权方法能合理地提高两个蛋白质之间的权值（以 ECC 为参考）。但是 PeC 的加权方法却不合理地降低了这两个蛋白质之间的权值。这可能是在四种方法中，PeC 的 AUC 值最小的原因。表 3-2-1 给出了 10 对蛋白质之间的 WDC 和 PeC 两种方法的加权值（PCC 大于 0）。表中 WDC 列和 PeC 列分别代表了 WDC 和 PeC 两种加权方法计算出的加权值。从表 3-2-1 可以看出这 10 个相互作用具有低的 ECC 值和高的 PCC 值，这暗示假阴性率降低了 ECC 的真实值。表 3-2-1 也显示 WDC 的加权方法提高了两个蛋白质之间的权值。相反，PeC 不仅没有增加它们的权值，反而使它们的权值更小。

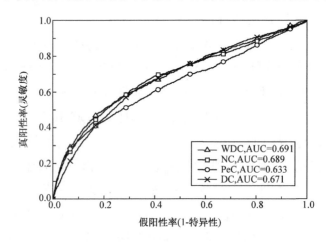

图 3-2-1　四种预测方法的 ROC 曲线

表 3-2-1　WDC 和 PeC 加权方法的实例（PCC>0）

蛋白质 A	蛋白质 B	ECC	PCC	WDC	PeC
YNL110C	YPL012W	0.105	0.986	0.546	0.104
YHR170W	YIR026C	0.071	0.978	0.525	0.070
YDL060W	YER006W	0.118	0.978	0.548	0.115
YBL039C	YPR110C	0.111	0.977	0.544	0.109
YJL033W	YMR290C	0.111	0.976	0.544	0.108
YDR496C	YNL175C	0.111	0.976	0.544	0.108

续表

蛋白质 A	蛋白质 B	ECC	PCC	WDC	PeC
YNL207W	YPL012W	0.105	0.972	0.539	0.102
YER082C	YOL077C	0.111	0.970	0.540	0.108
YLR196W	YLR449W	0.100	0.970	0.535	0.097
YDL014W	YDL208W	0.105	0.967	0.536	0.102

(3) 各种方法预测的关键蛋白质的比例分析

在本小节,文献[285]提到的评价方法即"被预测关键蛋白质中真实关键蛋白质的比例"将被用来分析 WDC 和其他方法的性能。首先,酵母蛋白质网络中的 5093 个蛋白质被按照其 WDC 值降序排列,然后,其中排在前 1%,5%,10%,15%,20% 和 25% 的被预测关键蛋白质被选出并依次计算各比例中真实关键蛋白质的数量[286]。图 3-2-2 显示各种预测方法在不同百分比上预测到的真实关键蛋白质的数目。例如,图 3-2-2(a) 显示了前 1% 的被预测关键蛋白质中真实关键蛋白质数目,其中 WDC 预测到了 36 个真实的关键蛋白质,DC,BC,CC,EC,SC,IC,NC 和 PeC 分别预测到了 22,24,24,24,24,24,32 和 41 个真实的蛋白质。如 3.2.2 节"数据来源"所述,酵母蛋白质网络中总共有 5093 个蛋白质,其中包括了 1167 个关键蛋白质,而预测结果的前 25% 包括了 1274 个被预测的关键蛋白质,数目已经超过了酵母蛋白质网络中真实关键蛋白质的数目,所以本实验选择前 25% 的被预测关键蛋白质已经足够了。图 3-2-2 的结果显示,在各个百分比上,WDC 预测的真实关键蛋白质比 NC 要多,更不用说 DC,BC,CC,EC,SC 和 IC 这六种中心性方法了。与 PeC 相比,WDC 在前 1% 和 10% 上预测的关键蛋白质更少。如果有生物学家对前 1% 和 5% 的被预测关键蛋白质感兴趣,那么 PeC 方法是一个不错的选择。但是在其他百分比上,WDC 预测的真实关键蛋白质比 PeC 要多。另外,在前 25% 上,PeC 预测到的真实关键蛋白质数目甚至比 NC 还少。这些实验结果说明,如果人们需要选择一些蛋白质作为新药的靶点以测试它们的致命性,那么采用 WDC 方法筛选蛋白质比利用其他方法更合适。接下来,WDC 和 PeC 的异同将进一步被分析以便解释在前 1% 和 5% 上,PeC 比 WDC 预测到更多真实关键蛋白质的原因。当 PCC 小于 0 时,意味着当一个基因被表达时,它不仅不会促进另一个基因的表达,相反,会抑制另一个基因的表达,防止另一个基因与其有相似的表达模式。在 PCC 的这个取值范围内,与 ECC 相比,WDC 和 PeC 都合理降低了每对相互作用的蛋白质之间的权值,但是,PeC 降低权值的速度更快,这也许是 PeC 尽管在前 10%,15%,20% 和 25% 上预测到的真实关键蛋白质数目比 WDC 要少,但是在前 1% 和 5% 上预测到的真实关键蛋白质数目比 WDC 要多的原因。

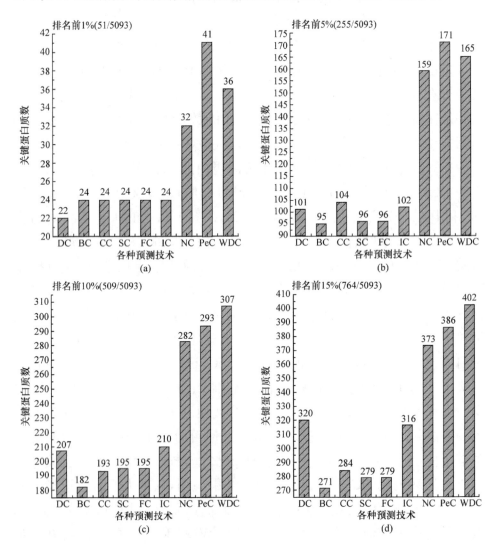

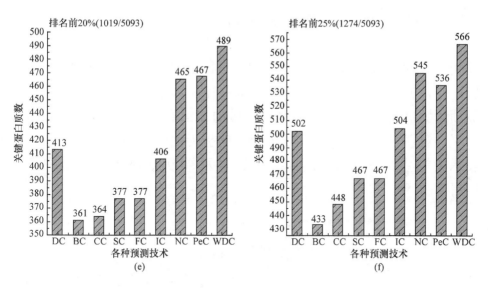

图 3-2-2　各种方法预测的真实关键蛋白质在不同百分比上的数目

表 3-2-2 显示了 10 对蛋白质之间的 WDC 和 PeC 两种方法的加权值(PCC<0)。表中的 10 个相互作用实例都具有较高 ECC 值和较低的 PCC 值,这暗示着蛋白质相互作用数据中的假阳性率使 ECC 的计算值大于真实的 ECC 值。从图中能观察到,以 ECC 的加权方法为参考,WDC 和 PeC 两种加权方法都合理地降低了每对蛋白质之间的权值,但 PeC 降低的速度更快。

表 3-2-2　WDC 和 PeC 加权方法的实例(PCC<0)

蛋白质 A	蛋白质 B	ECC	PCC	WDC	PeC
YDR414C	YLL056C	1.000	−0.708	0.146	−0.708
YHR124W	YOL133W	1.000	−0.538	0.231	−0.538
YML054C	YPL063W	1.000	−0.487	0.256	−0.487
YMR125W	YPR057W	1.000	−0.563	0.219	−0.563
YDR118W	YFR036W	0.889	−0.442	0.224	−0.392
YGL240W	YOR249C	0.889	−0.419	0.235	−0.372
YDR301W	YLR115W	0.875	−0.424	0.225	−0.371
YHR086W	YLR298C	0.846	−0.598	0.124	−0.506
YHR140W	YNL101W	0.846	−0.627	0.110	−0.530
YDR378C	YMR268C	0.833	−0.543	0.145	−0.453

(4) 各种预测方法的折刀曲线分析

Holman 等[287]开发了一种折刀曲线评价方法测试各种关键蛋白质预测方法的性能。本章将用该方法评测 WDC 和其他预测方法。为方便比较,10 次随机分类被产生。对每一种预测方法,排序后的前若干个被预测关键蛋白质中真实关键蛋白质的累加和被计算出。图 3-2-3 显示了各种预测方法和 10 次随机分类的折刀曲线。图 3-2-3 中,纵坐标表示关键蛋白质的累加和,横坐标表示被预测到的关键蛋白质的数目。

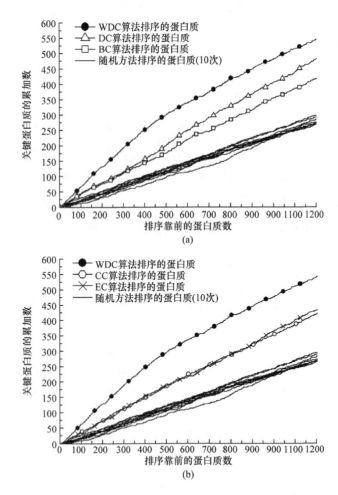

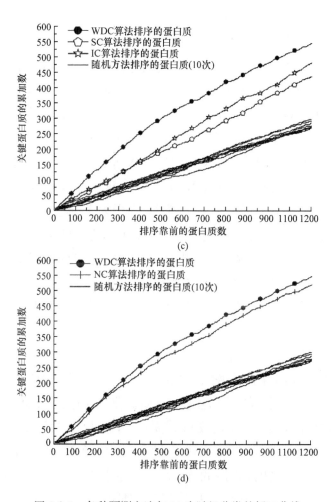

图 3-2-3 各种预测方法与 10 次随机分类的折刀曲线

WDC 的 AUC 被用于和其他预测方法的 AUC 进行比较。图 3-2-3(a) 显示了 WDC,DC,BC 和 10 次随机分类的折刀曲线;图 3-2-3(b) 为 WDC,CC,EC 和 10 次随机分类的折刀曲线;图 3-2-3(c) 为 WDC,SC, IC 和 10 次随机分类的折刀曲线;图 3-2-3(d) 为 WDC,NC 和 10 次随机分类的折刀曲线。从图 3-2-3 可以清楚看出,DC,BC,CC,EC,SC,IC 和 NC 七种预测方法中每一种的 AUC 都比 10 次随机分类的大得多,说明这些方法预测关键蛋白质远比随机地从蛋白质网络中选择关键蛋白质要好得多。同时 WDC 的 AUC 又比这八种预测方法的要高。折刀曲线的分析结果表明,WDC 方法将真实的关键蛋白质优先排列在前面的性能比其他方法要高。

(5) 各种预测方法的精度分析

为了进一步评价 WDC 和其他预测方法预测关键蛋白质的性能，六个评价(精度(accuracy, ACC)；灵敏度(sensitivity, S_n)；特异性(specificity, S_p)；阳性预测值(positive predictive value, PPV)；阴性预测值(negative predictive value, NPV)；调和平均值(F-measure))指标被使用。ACC 定义为(TP+TN)/(TP+TN+FP+FN)，其中，TP 指真阳性数，TN 指真阴性数，FP 指假阳性数，FN 指假阴性数。在关键蛋白质的研究领域中，真阳性数指关键蛋白质被正确地预测为关键蛋白质的数目，真阴性数指非关键蛋白质被正确地预测为非关键蛋白质的数目，假阳性数指非关键蛋白质被不正确地预测为关键蛋白质的数目，假阴性数指关键蛋白质被不正确地预测为非关键蛋白质的数目。用类似 ACC 的定义方式，可以定义 S_n 为 TP/(TP+FP)，S_p 为 TN/(TN+FN)，PPV 为 TP/(TP+FP)，NPV 为 TN/(TN+FN) 以及 F-measure 为 $2\times S_n \times PPV/(S_n+PPV)$。将本章"数据来源"部分提到标准关键蛋白质集合与酵母的蛋白质相互作用网络中的 5093 个蛋白质构成的集合进行比较，可以得到 1167 个真实的关键蛋白质。那么预测出的前 1167 个关键蛋白质中真实的关键蛋白质数目就是 TP；预测出的后 3926 个关键蛋白质中真实关键蛋白质的数目就是 FN。比较了前 1167 个被预测的关键蛋白质和本章"数据来源"部分提到的标准非关键蛋白质集合之后，可以计算出前 1167 个被预测的关键蛋白质中非关键蛋白质的数目，即 FP。类似地，TN 指后 3926 个被预测关键蛋白质中非关键蛋白质的数目。基于 TN, TP, FN 和 FP，各种预测方法的精度(即 S_n, S_p, PPV, NPV, F-measure 和 ACC)被计算出并显示在表 3-2-3 中。

表 3-2-3 各种预测方法的精度分析

	S_n	S_p	PPV	NPV	F-measure	ACC
DC	0.404	0.810	0.409	0.807	0.407	0.664
BC	0.350	0.795	0.357	0.790	0.354	0.641
CC	0.355	0.795	0.360	0.791	0.357	0.642
SC	0.368	0.799	0.373	0.795	0.370	0.648

续表

	S_n	S_p	PPV	NPV	F-measure	ACC
EC	0.368	0.799	0.373	0.796	0.370	0.648
IC	0.401	0.808	0.405	0.806	0.403	0.662
NC	0.435	0.823	0.444	0.818	0.439	0.679
PeC	0.437	0.821	0.443	0.818	0.440	0.679
WDC	0.458	0.828	0.463	0.824	0.460	0.688

如表 3-2-3 所示，WDC 的 S_n,S_p,PPV,NPV,F-measure 和 ACC 六个指标的值均远比比其他预测方法的要高。这意味着 WDC 预测关键蛋白质的精度远高于其他预测方法。表 3-2-3 的结果暗示 WDC 具有高水平的预测精度。

（6）WDC 与其他预测方法的区别分析

本小节将通过实验结果分析 WDC 与其他预测方法区别。首先针对 WDC 和其他七种预测方法（DC,BC,CC,EC,SC,IC 和 NC）构建了 8 个蛋白质集合。每个蛋白质集合包含了每种预测方法预测的前 100 个关键蛋白质。8 个蛋白质集合中每两个集合之间的交集（即共有的蛋白质的数目）被计算并显示在表 3-2-4 中。

表 3-2-4 每两种方法预测的前 100 关键蛋白质中共有的蛋白质数

	DC	BC	CC	SC	EC	IC	NC	WDC
DC	100							
BC	84	100						
CC	71	64	100					
SC	57	47	67	100				
EC	57	47	67	100	100			
IC	94	79	73	62	62	100		
NC	39	33	30	24	24	39	100	
WDC	37	31	29	23	23	37	62	100

从表 3-2-4 可以看出，WDC 预测出的前 100 个关键蛋白质的集合分别与六种常见的中心性方法 DC,BC,CC,EC,SC 和 IC 预测出的前 100 个关键蛋白质的集合重叠的蛋白质数都少于 40，即重叠率小于 40%。与 CC,SC 和 EC 三种方法相比，可以看出重叠率不超过 30%。

另外,与 NC 相比,WDC 也预测到了 38 个不同的关键蛋白质。表 3-2-4 的实验结果表明,WDC 预测的前 100 个关键蛋白质中只有一小部分是其他七种方法预测到的。为了更详细地分析 WDC 和其他预测方法的区别。这八个蛋白质集合中每两个集合之间的差集(指没有共享的蛋白质的数目)也被计算并显示在表 3-2-5 中。表 3-2-5 中 M_i 指七种预测方法 DC,BC,CC,EC,SC,IC 和 NC 中的一种;$|M_i-\text{WDC}|$ 指 M_i 和 WDC 分别预测的前 100 个关键蛋白质构成的集合的差集(即不同的蛋白质的数目),差集中的蛋白质属于 M_i 不属于 WDC。类似地,$|\text{WDC}-M_i|$ 指 WDC 和 M_i 分别预测的前 100 个关键蛋白质构成的集合的差集,差集中的蛋白质属于 WDC 不属于 M_i。例如,表中第二行显示,DC 预测的前 100 个关键蛋白质中有 63 个关键蛋白质与 WDC 预测的不同,而这 63 个被预测的关键蛋白质中真实的关键蛋白质有 27 个,从而关键蛋白质在差集中所占的比例为 42.86%;WDC 预测的前 100 个关键蛋白质中有 63 个关键蛋白质与 DC 预测的不同,而这 63 个被预测的关键蛋白质中真实的关键蛋白质达到了 49 个,从而关键蛋白质在差集中所占的比例为 77.78%。从这行数据可以看出,WDC 预测出的前 100 个关键蛋白质中大部分与 DC 预测的前 100 个关键蛋白质不同,而且 WDC 预测出的真实的关键蛋白质远比 DC 的多。这说明,WDC 不仅是与 DC 不同的方法,而且说明 WDC 区分关键蛋白质与其他蛋白质的性能比 DC 强很多。类似地,从表中的其他行可以看出,与其他预测方法相比,WDC 都保持了这种优势。

表 3-2-5 每两种方法预测的前 100 关键蛋白质中没有共享的蛋白质数

	$\|M_i-\text{WDC}\|$	$\|\text{WDC}-M_i\|$	$\|M_i-\text{WDC}\|$ 中关键蛋白质数目	$\|\text{WDC}-M_i\|$ 中关键蛋白质数目	$\|M_i-\text{WDC}\|$ 中关键蛋白质比例	$\|\text{WDC}-M_i\|$ 中关键蛋白质比例
DC	63	63	27	49	42.86%	77.78%
BC	69	69	28	52	40.58%	75.36%
CC	71	71	24	51	33.80%	71.83%
SC	77	77	22	53	28.57%	68.83%
EC	77	77	22	53	28.57%	68.83%
IC	63	63	25	49	39.68%	77.78%
NC	38	38	17	30	44.74%	78.95%

这些实验结果说明 WDC 与其他预测方法是不同的,而且性能更优越。

(7) WDC 和 DC 产生的相互作用的类型分析

He 等发现一些蛋白质相互作用比其他蛋白质相互作用更重要,他们进一步推断蛋白质之所以是关键的,是因为它们涉及了关键的相互作用[46]。为了验证他们的结论,WDC 预测出的前 100 个蛋白质之间的相互作用的类型被分析,为了比较,DC 产生的相应相互作用类型也被分析。每种预测方法产生的相互作用首先被分为三类:关键相互作用、半关键相互作用和非关键相互作用。关键相互作用指发生作用的两个蛋白质都是关键蛋白质;半关键相互作用指发生作用的两个蛋白质中一个是关键蛋白质,另一个不是;非关键相互作用指发生作用的两个蛋白质都是非关键蛋白质。两种方法产生的各类相互作用被显示在表 3-2-6 中。

表 3-2-6 WDC 和 DC 产生的各类相互作用的数量及比例

	DC 的各类相互作用的数目	WDC 的各类相互作用的数目	DC 的各类相互作用的比例	WDC 的各类相互作用的比例
总相互作用数	699	494	100.00%	100.00%
半关键相互作用数	365	185	52.22%	37.45%
关键相互作用数	160	261	22.89%	52.83%
非关键相互作用数	174	48	24.89%	9.72%

从表 3-2-6 中可以看出,预测方法 DC 产生了 699 个相互作用,其中包括 160 个关键相互作用和 174 个非关键相互作用,分别占到相互作用总数的 22.89% 和 24.89%。预测方法 WDC 产生了 494 个相互作用,其中包括 261 个关键相互作用和 48 个非关键相互作用,分别占到相互作用总数的 52.83% 和 9.72%。这些数据说明在蛋白质相互作用网络中相互作用的重要性的确是不同的。一方面,WDC 的加权方法能有效地去除一部分虚假的相互作用,因为相互作用的总数由非加权的 699 个减少到 494 个,非关键相互作用的数目从 174 个减少到 48 个。

另一方面,WDC 又成功地加强了一部分相互作用的重要性,因为尽管 WDC 产生的相互作用总数下降了,但关键相互作用的数目却反而从 160 个增加到 261 个。

文献[276]指出蛋白质的关键性是以复合物的形式体现出来的,而不是由单个的蛋白质体现出来的;Zotenko 等进而推断蛋白质的关键性与一组具有相同生物功能模块密切相关[277]。为了验证他们的结论,WDC 和 DC 分别预测的前 100 个关键蛋白质的模块性被研究。首先,基于酵母的蛋白质相互作用网络,两个小规模的蛋白质相互作用网络被构建。每个网络仅仅包含由 WDC 或 DC 产生的前 100 个关键蛋白质。然后著名的马尔科夫聚类程序(Markov clustering,MCL)被用于从这两个小网络中识别蛋白质复合物(功能模块)[288]。图 3-1-4 和图 3-1-5 显示了 MCL 的识别结果。从图 3-2-4 中可以看出,DC 的网络中包括 46 个真实的关键蛋白质(黑色)和 7 个功能模块(蛋白质聚集在一起),这些关键蛋白质分布在 6 个不同的功能模块中,只有一个功能模块中没有关键蛋白质。从图 3-2-5 可以看出,WDC 的网络中包括 68 个真实的关键蛋白质(黑色)和 14 个功能模块,这些关键蛋白质分布在 13 个不同的功能模块中,只有一个功能模块中没有关键蛋白质。这表明,WDC 和 DC 预测出的真实关键蛋白质呈现出了显著模块性。另外,图 3-2-4 和图 3-2-5 显示 MCL 从 DC 的网络中识别了一个巨大的模块,而这个模块在 WDC 的网络中被成功地分离为一系列小模块,从而使展现的生物功能更具体,这表示 WDC 的网络的模块性比 DC 的网络的模块性更显著。

下面分析 WDC,DC 和 NC 三种方法预测的蛋白质的关键性。本小节将对比分析三种预测方法产生的蛋白质的关键性实例。酵母蛋白质相互作用网络中的 5093 个蛋白质被不同的预测方法排序。表 3-2-7 显示了 50 个蛋白质在不同的预测方法中的关键性。表中第一列指 50 个蛋白质,第二列指明每个蛋白质的真实关键性,第三列是方法 WDC 给蛋白质排的序号,第四列是方法 DC 给蛋白质排的序号,第五列是 NC 给蛋白质排的序号,第六、第七和第八列分别是 DC,NC 和 WDC 给蛋白质加的权重(预测方法给蛋白质加的权重越高,则该方法认为该蛋白质越关键,从而排序越靠前)。具体而言,DC 给蛋白质的权重为与该蛋白质直接相互作用的所有邻居之和;NC 给蛋白质的权重为蛋白质及其

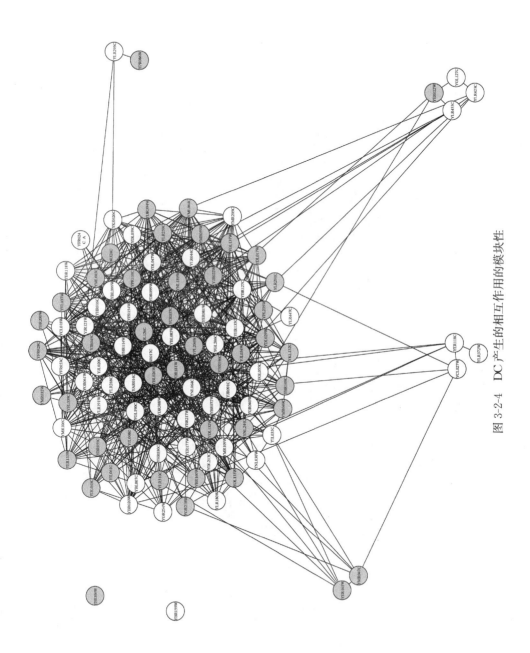

图 3-2-4　DC 产生的相互作用的模块性

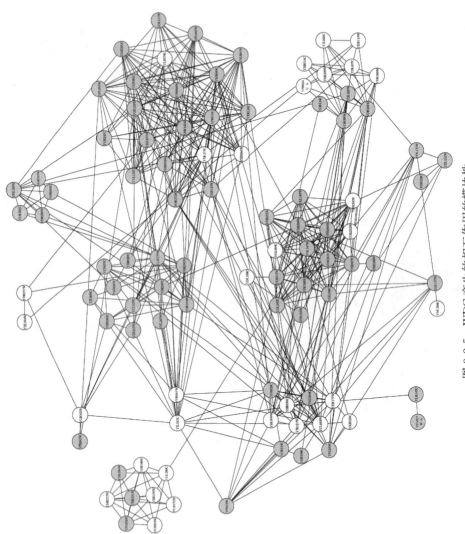

图 3-2-5 WDC 产生的相互作用的模块性

所有邻居之间的边聚集系数之和；WDC 给蛋白质的权重为蛋白质及其所有邻居之间的加权值（按照（ECC＋PCC）/2 的方式加权）之和。表 3-2-7 显示的 50 个蛋白质中有 35 个关键蛋白质，其中 24 个（加粗显示）的 Rank_WDC 的值较小而 Rank_DC 和 Rank_NC 的值较大。即 WDC 方法给出的这 24 个蛋白质关键性远比 DC 和 NC 给出的关键性要强。这一事实表明，与 DC 和 NC 相比，WDC 显著地增加了真实的关键蛋白质的重要性。

表 3-2-7　WDC, DC 和 NC 预测的蛋白质的关键性分析

蛋白质	关键性	Rank_WDC	Rank_DC	Rank_NC	DC	NC	WDC
YCR057C	关键	1	96	14	64	20.362	31.615
YBR160W	关键	2	2	2	229	30.278	28.128
YKR081C	关键	3	147	15	50	20.213	26.456
YNL061W	关键	4	106	23	61	18.601	26.077
YMR049C	关键	5	53	12	84	20.903	25.703
YPR016C	关键	6	138	31	52	16.763	25.635
YGR090W	关键	7	115	47	59	14.972	24.044
YBL007C	非关键	8	11	1	139	32.628	24.024
YIL035C	非关键	9	36	17	97	19.193	23.834
YDL213C	非关键	10	97	209	64	7.450	21.724
YNL189W	关键	11	3	4	216	29.873	20.728
YPL043W	关键	12	212	90	41	11.155	19.805
YMR109W	非关键	13	62	13	78	20.861	19.723
YCL059C	关键	14	298	129	34	9.415	19.192
YER133W	关键	15	16	7	124	28.043	18.787
YHR066W	非关键	16	361	72	30	12.383	18.569
YBR159W	非关键	17	31	3	101	30.214	18.411
YER082C	关键	18	151	157	49	8.671	18.295
YNL110C	关键	19	317	94	33	11.060	18.219
YBR106W	关键	20	27	5	105	29.497	18.080
YBR247C	关键	21	284	112	35	10.176	17.596
YHR016C	非关键	22	70	65	72	12.679	17.235

续表

蛋白质	关键性	Rank_WDC	Rank_DC	Rank_NC	DC	NC	WDC
YGR103W	关键	23	180	67	44	12.609	17.212
YDL147W	关键	24	158	30	48	16.936	17.186
YPR110C	关键	25	12	20	129	18.775	16.121
YDR328C	关键	26	71	29	72	17.087	16.080
YDR394W	关键	27	50	9	86	26.240	15.962
YHR197W	关键	28	181	153	44	8.772	15.703
YER012W	关键	29	182	42	44	15.503	15.546
YLR074C	非关键	30	109	107	60	10.297	15.538
YHL004W	非关键	31	266	51	36	13.866	15.406
YPL076W	关键	32	104	6	62	29.165	15.308
YBR251W	非关键	33	267	64	36	12.856	15.242
YFR028C	关键	34	37	22	97	18.637	15.071
YHR052W	关键	35	268	110	36	10.183	14.808
YDR388W	非关键	36	8	11	159	21.227	14.704
YER126C	关键	37	556	130	22	9.400	14.351
YHR114W	非关键	38	4	26	176	17.774	14.314
YOR181W	关键	39	75	170	71	8.350	14.284
YDR060W	关键	40	374	184	29	7.952	14.244
YDL014W	关键	41	318	289	33	6.022	13.811
YBL099W	非关键	42	24	27	109	17.493	13.686
YPR108W	关键	43	438	52	26	13.485	13.462
YDL029W	关键	44	48	21	89	18.721	13.277
YOR061W	非关键	45	98	63	64	12.875	13.132
YLR372W	非关键	46	63	10	78	24.165	13.099
YDL097C	关键	47	332	43	32	15.316	12.869
YFL039C	关键	48	14	37	126	16.048	12.684
YFR052W	关键	49	375	56	29	13.277	12.682
YLR175W	关键	50	129	224	56	7.120	12.608

(8) 参数 λ 对 WDC 方法性能的影响

在本节的"加权度中心性"小节中,参数 λ 被引入以整合 ECC 和 PCC 两个统计量。本节将研究参数 λ 的变化对 WDC 性能的影响。表 3-2-8 显示了 WDC 在不同的 λ 取值条件下预测到的真实关键蛋白质的情况。表中列出了 WDC 预测到的前 1%,5%,10%,15%,20% 和 25% 的关键蛋白质中真实关键蛋白质的数目。例如,表中第五行显示,当 λ 的值为 0.3 时,WDC 在各个百分比的预测结果中分别预测到了 36,164,293,398,491 和 552 个真实的关键蛋白质。正如在"加权度中心性"小节中提到的那样,当 λ 值为 0 时,WDC 的加权值仅仅来自于 PCC,相反当 λ 值为 1 时,WDC 的加权值仅仅来自于 ECC。从表 3-2-8 中可以发现,当 λ 值为 0(即加权只考虑了 PCC)时,WDC 在预测到的前 1%,5%,10% 和 15% 的关键蛋白质中真实关键蛋白质的数目,比 λ 值为 1(即加权只考虑了 ECC)时 WDC 预测到的相应的真实关键蛋白质要多。这意味着,即使不考虑蛋白质网络的 ECC 拓扑特性,而只考虑 PCC,WDC 的预测结果也比 NC 的要好,从而证明 WDC 将时间序列的基因表达信息引入到蛋白质相互作用网络以预测关键蛋白质是成功的。表 3-2-8 也显示,但参数 λ 在区间[0.3,0.5]变化时,WDC 的性能较好,当 λ 值为 0.5 时,WDC 的性能最佳,在各个百分比上预测到的真实关键蛋白质最多。

表 3-2-8 λ 值的变化对 WDC 预测性能的影响

λ	1%	5%	10%	15%	20%	25%
0.0	36	168	282	375	443	505
0.1	36	167	286	387	455	528
0.2	36	168	291	388	477	542
0.3	36	164	293	398	491	552
0.4	36	164	303	405	488	561
0.5	36	165	307	402	489	566
0.6	33	166	304	397	487	561
0.7	32	164	297	392	487	558
0.8	34	163	290	391	479	558
0.9	31	164	287	380	478	546
1.0	32	159	282	373	465	545

表 3-2-9 显示了 WDC 在 λ 的不同取值下的预测精度。表 3-2-9 中显示,参数 λ 值为 0 时,WDC 的精度值(S_n,S_p,PPV,NPV,F-measure 和 ACC)比 λ 值为 1 时要高,这同样说明,引入携带时间信息的基因表达谱,在蛋白质网络中预测关键蛋白质是成功的。另外,表 3-2-9 也显示,当 λ 的取值范围为[0.3,0.9]时,WDC 的精度较高;而当 λ 值为 0.5 时,WDC 的预测精度达到最高值。基于表 3-2-8 和表 3-2-9 的分析,在实验中,WDC 的参数值被设定为 0.5。

表 3-2-9　λ 值的变化对 WDC 预测精度的影响

λ	S_n	S_p	PPV	NPV	F-measure	ACC
0.0	0.413	0.813	0.417	0.810	0.415	0.668
0.1	0.428	0.818	0.432	0.815	0.430	0.674
0.2	0.443	0.822	0.447	0.820	0.445	0.681
0.3	0.446	0.823	0.450	0.820	0.448	0.683
0.4	0.454	0.826	0.459	0.823	0.457	0.687
0.5	0.458	0.828	0.463	0.824	0.460	0.688
0.6	0.456	0.826	0.460	0.824	0.458	0.687
0.7	0.453	0.826	0.458	0.823	0.456	0.686
0.8	0.450	0.825	0.455	0.822	0.452	0.684
0.9	0.444	0.824	0.450	0.820	0.447	0.683
1.0	0.435	0.823	0.444	0.818	0.439	0.680

3.3　关键蛋白质侦测算法 CNC

3.3.1　算法描述

相互作用的蛋白质之间的关系可以表示为一张网络,网络中的结点和边分别指蛋白质和相互作用。在生物学信息学中,网络实际上对应着无向图,所以研究人员通常借助图论的原理处理生物学问题。因而,关键蛋白质的识别问题可以转化为无向图中结点的优选问题。

具有大量直接邻居的少数结点(也叫 Hub 结点)构成了蛋白质-蛋白质相互作用网络的疾病框架。一些研究证实了关键蛋白质和 Hub 结点直接的联系。例如，He 等[289]发现许多蛋白质之所以关键，是因为它们与蛋白质之间的关键相互作用有关。相互作用一致地分布在网络中。Hart 等的研究证实关键蛋白质与紧密相连的蛋白质构成的复合物密切相关[290]。网络结构和关键性之间的关系证明大多数 Hub 结点之所以关键，是因为它们涉及一组密切相连的蛋白质，成组的蛋白质中富集了关键蛋白质。因而，度中心性方法识别蛋白质的关键性似乎是一种侦测关键蛋白质的好途径。但是，度中心性方法忽略了一个事实，即一些蛋白质之间的相互作用关系比另一些蛋白质之间的相互作用更强。

为了应对这一挑战，作者首先使用两种独立的方法从数量和质量上区别对待网络中的相互作用。第一种方法将蛋白质亚细胞位置信息整合到蛋白质-蛋白质相互作用网络中，评估网络中边（相互作用）的重要性。在这一过程中，每个区间中蛋白质的数目被用于量化蛋白质区间的重要性，然后蛋白质-蛋白质相互作用网络中相互作用的程度取决于区间的重要性，换句话说，作者获得了网络中每条边的一个加权值。接下来，作者需要结合网络的拓扑特征寻找网络中每条边的另外一个权值。边聚类系数 ECC 是一种度量指标，它能刻画相互作用的蛋白质怎样密切相关以及评估边的重要性。在本研究中，蛋白质-蛋白质相互作用网络中每条边的边聚类系数 ECC 被计算并作为第二个权值。结果，新的度中心性 CNC 被提出并借助两种加权技术识别关键蛋白质。图 3-3-1 阐明了 CNC 算法的工作流程。

(1) 用网络拓扑特征加权相互作用

聚类系数用于度量图中顶点聚集在一起的程度有多大。在各种网络中，两个直接相连的顶点有一个或多个共同的直接相连的顶点是可能的。这些顶点（蛋白质）构成了三角形，因此，通过检测网络中的三角形数量可以确定顶点的聚集程度。按照这一理念，Radicchi 等首次定义边聚类系数 ECC 为某条边所在三角形的数量除以可能潜在包含该边的三角形的数量[291,292]。具体而言，针对顶点 i 和顶点 j 直接的边，它的 ECC 按照如下公式计算。

$$\text{ECC}(i,j) = \frac{Z_{i,j}^{(3)}+1}{\min(k_i-1, k_j-1)} \tag{3-3-1}$$

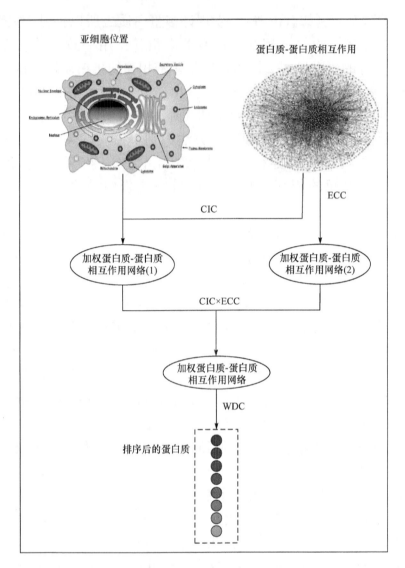

图 3-3-1 CNC算法示意图

CIC方法和ECC方法分别对蛋白质-蛋白质相互作用网络加权。具体而言,通过将亚细胞位置信息结合到蛋白质-蛋白质相互作用网络实现给网络加权,然后通过ECC利用网络的拓扑特征再次给网络加权。网络中每条边的两个权值相乘,乘积作为最终的权值,新的加权网络由此构成。最后再利用加权度中心性计算每个蛋白质的得分并依据其得分排序

在公式(3-3-1)中,$Z_{i,j}^{(3)}$ 表示网络中实际包含边 (i,j) 的三角形数目,k_i-1 和 k_j-1 分别表示顶点 i 和顶点 j 的直接邻居顶点数目。$\min(k_i-1, k_j-1)$ 表示顶点 i 和顶点 j 都可能参与的三角形数目。ECC 的值是 0

到 1 之间的实数。如果在网络中没有聚类，ECC 的值为 0，相反，如果网络中互斥的团导致了最大的聚类，则 ECC 的值为 1。

ECC 的量化定义确定了两个相互作用的蛋白质之间的密切程度，指明了具有更大 ECC 值的边（相互作用）更可能位于同一社区，也更可信。尽管 ECC 在量化相互作用的蛋白质的关联性方面有优势，但是它也有不足。实际上，这个指标的有效性严重依赖网络的可靠性。为了应对这一问题，本研究基于不同的生物学数据（亚细胞位置信息）引入另一个度量指标。

(2) 用亚细胞位置信息加权相互作用

真核细胞包含许多封闭在细胞膜内的区间，例如细胞核和其他细胞器。蛋白质-蛋白质相互作用网络中的蛋白质位于不同的区间和执行各种生物功能。这种细胞质内的包含物对蛋白质的功能有重要影响，因为它们控制着不同蛋白质的可用性和可访问性。研究已经证实位于同一细胞区间（P<0.001 的单边二项式测试）的蛋白质紧密相连，但是这种聚集程度依不同的细胞区间而有所不同[64]。显著的例子是细胞质区间（cytoplasmic）和微管区间（microtubule）中的蛋白质之间的相互作用关系。细胞质区间中蛋白质之间的相互作用的聚集值是阈值的 1.3 倍，而微管区间中蛋白质之间相互作用的聚集值是阈值的 56 倍[64]。这意味着，与蛋白质相互作用发生的细胞质微环境相比，包含了微管细胞支架中蛋白质的区间更好地描述了物理和功能相互作用。这一事实暗示，一些区间比另一些区间更重要。进而，它导致了在不同区间发生的相互作用关系也是不同的。因而，Peng 等通过整合蛋白质亚细胞位置信息，提出了一种评估蛋白质-蛋白质相互作用网络中相互作用程度的方法[274]。他们研究了区间和蛋白质-蛋白质相互作用网络之间的关系之后，发现区间的重要性直接与其中的蛋白质数目成正比例关系。基于这一发现，他们用公式(3-3-2)定义了区间的重要性，即区间 I 中蛋白质的数量 C_X 除以最大区间 M 中蛋白质的数量 C_M，

$$\mathrm{SC}(I)=\frac{C_X(I)}{C_M} \quad (3\text{-}3\text{-}2)$$

公式(3-3-2)中，SC 的取值范围在 0 到 1 之间，$I\in\{1,2,\cdots,11\}$。然后，

借助区间的得分可以加权蛋白质之间的相互作用。假设 $\text{Loc}(u)$ 表示蛋白质 u 所在区间的集合。两个相互作用的蛋白质 u 和 v,其中之一可能位于不同的细胞区间,另外,它们也可能位于同一区间。因而,相互作用可能发生在相同或不同的区间。如果在同一区间,$\text{SLoc}(u,v) = \text{Loc}(u) \bigcap \text{Loc}(v)$。蛋白质 u 和蛋白质 v 之间的相互作用关系可以用公式(3-3-3)定义,

$$\text{SI}(u,v) = \begin{cases} \max(\text{SC}(I)), & \text{若 } \text{SLoc}(u,v) \neq \varnothing \\ \text{SC}(C_N), & \text{其他} \end{cases} \quad (3\text{-}3\text{-}3)$$

如果 $\text{SLoc}(u,v) \neq \varnothing$,即相互作用的两个蛋白质出现在相同的区间,相互作用 (u,v) 的取值达到最大。相反,如果 $\text{SLoc}(u,v) = \varnothing$,它的得分取蛋白质 u 或蛋白质 v 所属一个或多个区间的 $\text{SC}(I)$ 的最小值,因为一些亚细胞的区间信息可能遗失。在公式(3-3-3)中,C_N 是包含最少蛋白质数量的区间。

(3) 区间与网络中心性

正如研究背景中介绍的那样,两种加权方法都成功地用于识别蛋白质-蛋白质相互作用网络中的关键蛋白质。为了利用这两种方法的优点,作者提出了一种新的中心性度量方法即 CNC(compartment and network centrality)。两个蛋白质相互作用的概率既可以从网络拓扑特征的角度描述也可以从蛋白质的亚细胞位置信息描述。因而,作者用公式(3-3-4)重新定义了蛋白质 u 和蛋白质 v 之间相互作用的程度。

$$W(u,v) = \text{ECC}(u,v) \times \text{SI}(u,v) \quad (3\text{-}3\text{-}4)$$

在公式(3-3-4)中,$W(u,v)$ 的取值范围在 0 到 1 之间。在新加权的网络中,基于蛋白质 i 及其直接相连的邻居 j 之间的加权相互作用,可以计算出 CNC 的值,即公式(3-3-5),

$$\text{CNC}(i) = \sum_{j}^{N_i} W_{i,j} \quad (3\text{-}3\text{-}5)$$

公式(3-3-5)中,N_i 表示蛋白质 i 的邻居数目,$W_{i,j}$ 表示蛋白质 i 及其邻居 j 之间的权值。

(4) 排序候选蛋白质

蛋白质-蛋白质相互作用网络中的蛋白质依据 CNC 方法打分并按照其得分降序排列。

3.3.2 结果和讨论

本节,作者使用不同的评价方法测试 CNC 方法优选酵母蛋白质中关键蛋白质的能力。首先作者描述了实验中用到的酿酒酵母的三种数据,即已知关键蛋白质、蛋白质-蛋白质相互作用网络、亚细胞位置信息。基于蛋白质-蛋白质相互作用数据和蛋白质亚细胞位置信息构建的加权网络,CNC 方法打分并排序了加权网络中的每个蛋白质。然后,四种评估方法即排序靠前的蛋白质中构建蛋白质的数目、ROC 曲线、Jackknife 曲线和识别精度被用于评价 CNC 和其他相似的关键蛋白质识别算法,即 CNC,CIC,DC,NC,PeC 和 WDC。

(1) 数据来源

已知的关键蛋白质。该实验中使用已知酵母关键蛋白质作为标准集评估算法预测到的关键蛋白质。该已知数据来下载自 DEG 数据库[231],版本号为 10.0。

蛋白质-蛋白质相互作用数据。作者的实验中使用的酿酒酵母的蛋白质相互作用数据下载自 BioGrid 数据库(版本号 BIOGRID-3.2.111)[294]。酿酒酵母的蛋白质-蛋白质相互作用网络包括 6304 个蛋白质和 81614 条边(相互作用)。

蛋白质亚细胞位置。作者从 COMPARTMENTS 数据库下载了蛋白质亚细胞位置数据。COMPARTMENTS 数据库基于高通量筛选、手工抽取注释、自动文本挖掘的序列识别技术,整合了所有主要模式生物的各种亚细胞位置证据[295]。真核生物的细胞分为功能截然不同的受膜约束的区间,即 nucleus,golgi apparatus,cytosol,cytoskeleton,peroxisome,lysosome,endoplasmic reticulum,mitochondrion,endosome,extracellular space 和 plasma membrane。

(2) 排名靠前的候选蛋白质中关键蛋白质的数目

排名靠前的候选蛋白质中包含的关键蛋白质数目通常是评价预测算法性能的主要指标。[296,297]针对六种识别算法(即 CNC,CIC,DC,NC,PeC 和 WDC),作者统计了经它们各自排序后的前 100,200,300,400,500 和 600 个候选蛋白质中关键蛋白质的数目并显示在图 3-3-2 中。

图 3-3-2 显示 CNC 算法识别的候选蛋白质中关键蛋白质数比其他算法都多。例如,排名靠前的 100 个蛋白质中,CNC 和其他算法分别识别到了 75,67,49,43,62 和 51 个真实的关键蛋白质。这意味着 CNC 算法要优于其他算法。同时,图 3-3-2 也暗示,在排名靠前的蛋白质列表中,除了真实关键蛋白质之外的其他蛋白质也可能是潜在的关键蛋白质,进而给生物学家提供了有价值的参考。另外,在表 3-3-1 中作者列出了各种算法输出的结果中,排名靠前的 50 个候选蛋白质中关键蛋白质的数据,表中真实关键蛋白质名称用粗体字表示。

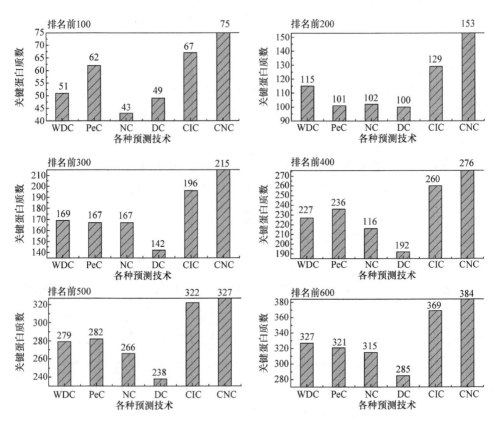

图 3-3-2　WDC,PeC,NC,DC,CIC 和 CNC 六种算法优选的
排名靠前的蛋白质列表中关键蛋白质的数目
横坐标表示各种识别算法,纵坐标表示各种算法识别的真实关键蛋白质的数目。
例如,在排名前 100 的候选蛋白质中,WDC,PeC,NC,DC,CIC 和 CNC
分别识别了 51,62,43,49,67 和 75 个真实的关键蛋白质

表 3-3-1 排序靠前的 50 个蛋白质中的真实关键蛋白质

排名	CNC(35)	CIC(33)	DC(22)	NC(23)	PeC(34)	WDC(28)
1	UBI4	UBI4	UBI4	UBI4	GIS2	UBI4
2	**NAB2**	**NAB2**	**NAB2**	**NAB2**	**RLP7**	**NAB2**
3	**SMT3**	**SMT3**	GIS2	SBP1	**RPL3**	GIS2
4	SBP1	SBP1	HEK2	GIS2	**RPF2**	SBP1
5	HHT1	HEK2	SBP1	**SMT3**	**SPB4**	**SMT3**
6	HHT2	HHT1	PUF3	HEK2	**NOP58**	PUF3
7	**RPN11**	**RPN11**	**SMT3**	**RPN11**	**NOP1**	HEK2
8	**HHF1**	HHT2	SRO9	PUF3	**NOP15**	SRO9
9	HEK2	**HHF1**	**RPN11**	SRO9	BRE5	UBP3
10	HHF2	**DSN1**	HHT1	HHT1	**RRP5**	**RLP7**
11	DSN1	HHF2	SSB1	HHT2	UBP3	HHT1
12	**HTA2**	**HTA2**	HHT2	**HHF1**	NOG1	**SPB4**
13	**RLP7**	PHO85	NAM7	**DSN1**	HAS1	BRE5
14	**NOP58**	CDC28	SLF1	UBP3	**RPL25**	**RPN11**
15	**RPF2**	NAM7	SSA1	SSA1	**RPS13**	**DSN1**
16	**SPB4**	PAT1	**DSN1**	SSB1	**CIC1**	HHT2
17	**RRP5**	**SPB4**	**HHF1**	HHF2	PWP2	RPF2
18	**NOP1**	YRA1	PHO85	**RPN1**	SRO9	RPL3
19	**RPO21**	YDL156W	PAT1	**RLP7**	RPS7A	SSA1
20	**RPN1**	**RPO21**	UBP3	BRE5	**MAK21**	**NOP1**
21	YDL156W	**CSE4**	**RPN1**	PAT1	NOP7	**NOP58**
22	**HTB1**	SSA1	RPN10	RPN10	RPL8B	**NOP15**
23	GCN5	ORC1	HHF2	**SPB4**	MRT4	**RRP5**
24	**ORC1**	GCN5	BRE5	**RPF2**	NUG1	**RPL25**
25	PAT1	ULP2	HSP82	NAM7	**CBF5**	**RPS13**
26	**NOP15**	SRP1	WHI3	DHH1	**KRE33**	HAS1
27	**PRP19**	RPF2	**SPB4**	**RPL3**	NOP56	RPS7A
28	**SMB1**	HTB1	DHH1	**RPT5**	**NOP2**	**NOG1**
29	**NOG1**	RPN1	RPT5	SLF1	**RPL17A**	**CBF5**
30	PUF3	**RLP7**	YCK1	**HTA2**	**BRX1**	CIC1
31	HTB2	**NOP1**	CDC28	ORC1	NOC2	RPL8B
32	**CDC28**	**RRP5**	SSA2	**WHI3**	RPL2A	**MAK21**

续表

排名	CNC(35)	CIC(33)	DC(22)	NC(23)	PeC(34)	WDC(28)
33	**LEA1**	**HTB2**	**RLP7**	HSP82	TIF6	**RPS5**
34	**HAS1**	NOP58	**CSE4**	SSA2	RPS16B	**PRP43**
35	**YRA1**	**PRP43**	**ORC1**	RPL25	RPL4A	HHF2
36	TAF14	**RPT5**	**TPK1**	PHO85	**RPS5**	RPL4A
37	**CIC1**	**PUF3**	YDL156W	GCN5	**RPL5**	**NOP7**
38	SSA1	CKA1	**RPF2**	**CDC28**	PUF6	RPL2A
39	**MOT1**	RSP5	**RSP5**	FCJ1	RPS8A	RPS8A
40	**MAK21**	HTA1	GCN5	**NOP1**	**UTP4**	RPL20A
41	**PRP43**	SPT5	LSM1	YDL156W	RPL13A	**RPN1**
42	**CBF5**	TPK1	**HTA2**	RPL20A	RPL6B	**PWP2**
43	**CSE4**	PAB1	**YRA1**	RPS13	NSA1	**RPL17A**
44	**PRP8**	**CBF5**	YCK2	**NOP58**	UTP22	**KRE33**
45	HTA1	**SPT15**	FCJ1	**NOP15**	RPL11B	**RPL5**
46	**NOP7**	**ULP1**	**ULP2**	**RPS5**	RPL28	RPL6A
47	**UTP22**	**MOT1**	**KSP1**	RRP5	RPL16B	MRT4
48	**RPT5**	**KSP1**	**ATG1**	**CSE4**	**PRP43**	RPS4A
49	CBC2	**ESA1**	PTK2	RPS7A	**RPL15A**	RPN10
50	**KRE33**	SPT7	**DSK2**	RPL8B	**UTP10**	**CDC28**

(3) 各种识别算法的 ROC 曲线分析

本质上来说，识别关键蛋白质属于分类问题，因此接受者操作曲线 ROC 能够被用于评估识别算法的性能。随着辨别阈值变化，真阳性率 (TPR) 和假阳性率 (FPR) 的值也随之变化，绘制出这些值即构成 ROC 曲线。在评估识别算法输出的候选蛋白质时，TPR 也称之为灵敏度 (sensitivity)，定义为某一阈值之上的关键蛋白质数目除以蛋白质-蛋白质相互作用网络中所有关键蛋白质的数目。FPR 定义为同一阈值之上的非关键蛋白质的数目除以所有非关键蛋白质的数目。曲线下面积 AUC 能够度量识别算法正确分类关键蛋白质和非关键蛋白质的能力。AUC 越大意味着算法的区分能力越强。从图 3-3-3 可以看出，CNC 的 AUC 比其他算法的 AUC 都大。ROC 曲线证明 CNC 方法在识别关键蛋白质方面比其他算法更好。

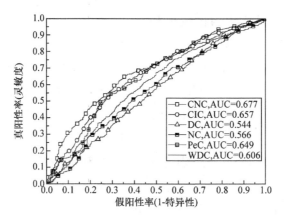

图 3-3-3　不同识别算法的 ROC 曲线

横坐标表示假阴性率 FPR,纵坐标表示真阳性率 TPR,真阳性率也称为灵敏度;假阳性率 FPR 可以通过 (1-特异性)计算;AUC 表示曲线下面积

(4) 各种识别算法的 Jackknife 曲线分析

Holman 等提出的 Jackknife 曲线[298]能够用于测量各种识别算法将实验验证过的关键蛋白质放置在排名靠前的位置上的能力。在作者的实验中,Jackknife 曲线也被用于评估 CNC 算法和其他类似的算法。作者计算了每一种算法的输出的排名靠前的蛋白质中关键蛋白质的累计总数。图 3-3-4 显示了各种算法的 Jackknife 曲线。从中可以看出 CNC 算法的曲线下面积最大。Jackknife 曲线分析结果表明,CNC 算法在识别关键蛋白质时,胜过其他类似的算法。

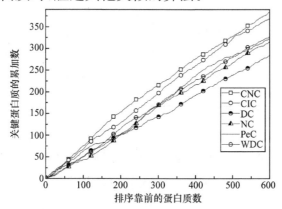

图 3-3-4　不同识别算法的 Jackknife 曲线

图中横坐标表示被排序的蛋白质的数目,纵坐标表示关键蛋白质的累加数目;
显示了当降序排列的蛋白质数目增加时,关键蛋白质数目怎样变化

(5) 各种识别算法的精度分析

为了进一步评估各种算法识别关键蛋白质的精度,作者使用了六种度量指标即灵敏度(sensitivity, S_n)、特异性(specificity, S_p)、阳性预测值(positive predictive value, PPV)、阴性预测值(negative predictive value, NPV)、F-measure 和精度(accuracy, ACC)。ACC 由公式(TP+TN)/(TP+TN+FP+FN)计算。TP,TN,FP 和 FN 分别指真阳性数、真阴性数、假阳性数和假阴性数。在关键蛋白质研究中,TP 定义为被正确预测为关键蛋白质的关键蛋白质数,TN 定义为被正确预测为非关键蛋白质的非关键蛋白质数,FP 定义为被错误预测为关键的蛋白质的非关键蛋白质数,FN 定义为被错误预测为非关键蛋白质的关键蛋白质数。类似地,S_n,S_p,PPV,NPV 和 F-measure 可以分别由公式 TP/(TP+FN),TN/(TN+FN),TP/(TP+FP),TN/(TN+FN) 和 $2 \times S_n \times PPV/(S_n+PPV)$ 计算。基于每种算法识别排名靠前的蛋白质,ACC,S_n,S_p,PPV,NPV 和 F-measure 被计算出并显示在表 3-3-2。表 3-3-2 表明 CNC 的精度比其他算法的精度更高。这意味着,CNC 算法识别关键蛋白质更精确。

表 3-3-2 各种识别算法的精度

方法	S_n	S_p	PPV	NPV	F-measure	ACC
CNC	0.638	0.649	0.646	0.641	0.642	0.63
CIC	0.616	0.625	0.620	0.621	0.618	0.613
DC	0.472	0.595	0.481	0.587	0.476	0.532
NC	0.534	0.593	0.545	0.582	0.539	0.556
PeC	0.561	0.676	0.568	0.670	0.565	0.619
WDC	0.551	0.608	0.557	0.603	0.554	0.574
CNC	0.638	0.649	0.646	0.641	0.642	0.630

3.4 关键蛋白质侦测算法 SCP

3.4.1 算法描述

在本小节中,将详细介绍作者的算法 SCP。它分为两个部分,第一部分是基于亚细胞定位信息,利用本文提出的一个改进的 PageRank 算法;第二部分是利用基因表达谱来计算皮尔逊相关系数,以此来衡量蛋白质相互作用网络边的权值,然后利用各个结点所在边的权值的加和来衡量该结点的重要性。最后,把这两部分结果结合在一起,就会得到算法 SCP 的关键蛋白质预测结果。

(1) 蛋白质的亚细胞定位信息

对于大部分的真核细胞,因为细胞内的蛋白质亚细胞定位的区域为其生物过程提供了一个特定的环境,所以分析蛋白质亚细胞定位信息能够更加深入了解蛋白质的功能。众多研究者发现在活体细胞中蛋白质的相互作用往往发生在同一个亚细胞定位区域或者相邻的区域。例如,对于酵母菌来说,它的 76% 蛋白质相互作用发生在同一个亚细胞定位区域。因此,有必要利用蛋白质的亚细胞定位信息来给蛋白质相互作用网络的边赋予一个权值,然后利用这些权值来预测关键蛋白质。在本文中,作者提出了一种基于蛋白质亚细胞定位信息给蛋白质相互作用网络赋予权值的方法。因为现有的蛋白质相互作用网络是充满了大量噪声的,因此不能完全相信这些相互作用的边。如果蛋白质相互作用发生在一个比较小的亚细胞定位区域,则它们的相互作用更加值得信赖。这个想法是很自然的,举一个现实中社交网络的例子。如果甲、乙两个人是在一个公司工作,而乙、丙两个人的家乡是同一个城市。显然,城市是一个大的单位,而公司是一个小的单位。甲与乙相互认识的概率要远远大于乙与丙认识的概率。

在本研究中,蛋白质亚细胞位置信息被用于计算蛋白质之间的相互作用程度的可信度得分,而且蛋白质被基于这些得分进行排序。

(2) 亚细胞定位区域的重要性函数

首先,作者基于亚细胞定位区域包含蛋白质的数量来衡量它们的重要性。假设有 K 个亚细胞定位区域 $C_1, C_2, \cdots, C_K$,它们包含蛋白质数量分别是 $N_{C_1}, N_{C_2}, \cdots, N_{C_K}$。这样就可以得到亚细胞定位区域 C_i 的重要性函数 ISC,如下:

$$\text{ISC}(C_i) = \frac{1}{N_{C_i}}, \quad i = 1, 2, \cdots, K \tag{3-4-1}$$

(3) 亚细胞定位区域的函数

然后,可以利用相互作用的两个蛋白质所共享的亚细胞定位区域来衡量它们之间的相互作用的置信度。假设对于蛋白质 P_i,它所在的亚细胞定位区域用 SCP(P_i) 来表示,WPPI(P_i,P_j) 表示蛋白质 P_i 和 P_j 的相互作用置信度。根据亚细胞定位区域的重要性函数的定义,ISC$\in$[0,1],则 WPPI(P_i,P_j)$\in$[0,1],

$$\text{WPPI}(P_i,P_j)=\begin{cases} \max_{C_i \in \text{SC}(P_i,P_j)}(\text{ISC}(C_i)), & \text{SCP}(P_i)\cap\text{SCP}(P_j)\neq\varnothing, \\ \min_{C_i \in \text{SC}(P_i,P_j)}(\text{ISC}(C_i)), & \text{其他} \end{cases}$$

(3-4-2)

因为许多蛋白质可以从属于多个亚细胞定位区域,所有对于相互作用的两个蛋白质,它们可能共同属于多个亚细胞定位区域。用 SCP(P_i)$\cap$SCP(P_j) 来表示蛋白质 P_i 和 P_j 共同的亚细胞定位区域。那么根据假设,相互作用的两个蛋白质应该同属于一个亚细胞定位区域,定义蛋白质相互作用的置信度函数为它们所共有的亚细胞定位区域中重要性最大的那个区域。此外,有些时候两个相互作用的蛋白质可能没有同属于任何一个亚细胞定位区域,即

$$\text{SCP}(P_i)\cap\text{SCP}(P_j)!=\varnothing \qquad (3\text{-}4\text{-}3)$$

那么就给它们的相互作用置信度函数一个很小的值,在本文中,作者取得是它们全部亚细胞定位区域中重要性最小的那一个。

(4) 蛋白质的重要性函数

在把蛋白质相互作用网络都依据相互作用的置信度函数赋予权值之后,作者就可以计算任意蛋白质的重要性。利用蛋白质亚细胞定位信息对蛋白质做一定分析之后,就可以得到一个蛋白质重要性的先验估计。蛋白质 P_i 的重要性函数 IPSC(P_i) 很自然可以取作与它相互作用的蛋白质相互作用的置信度函数的和,定义如下:

$$\text{IPSC}(P_i) = \sum_{P_j \in \text{SCP}(P_i)} \text{WPPI}(P_i,P_j) \qquad (3\text{-}4\text{-}4)$$

(5) 改进的 PageRank 算法

随着各种数据爆炸式的增长,越来越多的网络数据需要去分析。

PageRank 是其中一个非常有名的网络分析算法,它是谷歌搜索引擎的核心算法,最早是由谷歌创始人 Larry Page 提出并以其名字命名的。PageRank 算法利用网页之间相互的超链接来计算网页的相关性和重要性,经常以其结果来评估搜索引擎的网页优化成效因素之一。其基本思想是与其链接的网页越多,并且链接的质量越高,则这个网页越重要。下面介绍原始的 PageRank 算法,其结点的重要性可以表示成如下函数:

$$\mathrm{PR}(P_i) = \alpha \sum_{P_j \in \mathrm{SCP}(P_i)} \frac{1}{L(P_j)} \mathrm{PR}(P_j) + (1-\alpha) \frac{1}{N} \qquad (3\text{-}4\text{-}5)$$

其中,N 为网络结点的数目,$\mathrm{SCP}(P_i)$ 为与结点 P_i 链接的结点集合,而 $L(P_j)$ 为结点 P_j 的外链接的数目。α 为阻尼参数,在本文中设置为 0.85。将上述方程组写成矩阵形式如下:

$$\mathrm{PR} = M \times \mathrm{PR} \qquad (3\text{-}4\text{-}6)$$

其中,

$$M = \alpha M_1 + (1-\alpha) M_2, \quad \alpha \in [0,1] \qquad (3\text{-}4\text{-}7)$$

其中,

$$M_1(i,j) = \begin{cases} \dfrac{1}{L(P_j)}, & \text{若 } P_j \in \mathrm{SCP}(P_i) \\ 0, & \text{其他} \end{cases} \qquad (3\text{-}4\text{-}8)$$

$$M_2 = \frac{1}{N} \mathbf{1}_{N \times N} \qquad (3\text{-}4\text{-}9)$$

作者基于原始的 PageRank,提出改进的 PageRank 算法,其新的迭代矩阵 $\hat{M}$ 分为两个矩阵:$\hat{M}_1$ 为稀疏的超链接矩阵,它表示一个依据亚细胞定位信息计算的有权值的蛋白质相互作用网络;$\hat{M}_2$ 表示重置概率矩阵,它是根据蛋白质重要性的先验估计得到的。因此作者可以得到一个改进的 PageRank 算法,定义如下:

$$\mathrm{M}\widetilde{\mathrm{PR}}^{k+1} = \hat{M} \times \mathrm{MPR}^k \qquad (3\text{-}4\text{-}10)$$

$$\mathrm{MPR}^{k+1} = \frac{\mathrm{M}\widetilde{\mathrm{PR}}^{k+1}}{\|\mathrm{M}\widetilde{\mathrm{PR}}^{k+1}\|} \qquad (3\text{-}4\text{-}11)$$

其中,

$$\hat{M} = \alpha \hat{M}_1 + (1-\alpha) \hat{M}_2 \quad \alpha \in [0,1] \qquad (3\text{-}4\text{-}12)$$

其中,

$$\hat{M}_1(i,j) = \begin{cases} \dfrac{\text{WPPI}(P_i, P_j)}{\sum P_k \in \text{SCP}(P_i) \text{WPPI}(P_i, P_j)}, & \text{若 } P_i \in \text{SCP}(P_i) \\ 0, & \text{其他} \end{cases}$$

(3-4-13)

$$\hat{M}_2(i,j) = \dfrac{\text{IPSC}(P_i)}{\sum_{k=1}^{N} \text{IPSC}(P_k)} \quad (3\text{-}4\text{-}14)$$

(6) 皮尔逊相关系数

本节,作者将基于蛋白质表达谱使用皮尔逊相关系数来给蛋白质相互作用网络赋予权值。皮尔逊相关系数是用来衡量两个变量的线性相关性的指标。例如,有两个蛋白质 X 和 Y,它们的基因表达谱分别为 $X=(x_1,\cdots,x_m)$ 和 $Y=(y_1,\cdots,y_m)$,则蛋白质 X 和 Y 的相互作用权值可以用如下的皮尔逊相关系数来计算:

$$\text{PCC}(X,Y) = \dfrac{\text{Cov}(X,Y)}{\sigma x \sigma y} = \dfrac{\sum_{i=1}^{m}(x_i - \bar{x})(y_i - \bar{y})}{\sqrt{\sum_{i=1}^{m}(x_i - \bar{x})^2} \sqrt{\sum_{i=1}^{m}(y_i - \bar{y})^2}}$$

(3-4-15)

在给蛋白质相互作用网络每条边都赋予权值之后,作者就可以计算依据皮尔逊相关系数的蛋白质关键性函数,记作 IPCC,定义如下:

$$\text{IPCC}(P_i) = \sum_{P_j \in \text{SCP}(P_i)} \text{PCC}(P_i, P_j) \quad (3\text{-}4\text{-}16)$$

(7) 结合改进的 PageRank 算法和皮尔逊相关系数的关键蛋白质预测函数

结合改进的 PageRank 算法和皮尔逊相关系数对于关键蛋白质的预测结果,作者提出一种新的关键蛋白质的预测函数。在结合两者之前,作者首先需要对其结果进行归一化,防止因两者的取值范围不同导致的关键蛋白质的结果受两种方法的影响不均。分别依据改进的 PageRank 算法和皮尔逊相关系数的定义,可以得到 MPR$\in[0,1]$ 和 PCC$\in[-1,1]$。因此有必要对两者进行如下的归一化:

$$\mathrm{NIS}(\mathrm{Score}_i) = \frac{\mathrm{Score}_i - \min(\mathrm{Score})}{\max(\mathrm{Score}) - \min(\mathrm{Score})}, \quad i=1,2,\cdots,N$$

(3-4-17)

在得到两个相同尺度的关键蛋白质的预测值之后,作者就可以得到最终的结合改进的 PageRank 算法和皮尔逊相关系数的关键蛋白质预测函数:

$$\mathrm{SCP} = \lambda \times \mathrm{NIS}(\mathrm{MPR}) + (1-\lambda) \times \mathrm{NIS}(\mathrm{IPCC}), \quad \lambda \in [0,1]$$

(3-4-18)

其中 λ 是一个调节参数。依据计算结果,如果一个蛋白质最终得分 SCP 比较高,则它是关键蛋白质的概率就比较大。

3.4.2 结果和讨论

在本节中,为了评价作者提出的新关键蛋白质预测算法的有效性,作者做了一些数值实验。作者使用了三个数据集来对酵母菌的关键蛋白质进行预测:蛋白质相互作用网络数据集、基因表达谱数据集、亚细胞定位信息数据集,然后使用真实的关键蛋白质数据集来对不同算法进行评价。在本节中,作者一共比较六种算法:SCP、CIC、DC、NC、PeC 和 WDC。

(1) 实验数据

蛋白质相互作用网络数据集。蛋白质相互作用网络数据集是从 Biogrid 数据库下载的,版本号为 BIOGRID-3.2.111。Biogrid 数据库是一个免费数据库,其中酵母菌一共包含 6304 个蛋白质,以及它们之间的 81614 对相互作用。

基因表达谱数据集。基因表达谱数据集是从 NCBI 数据库中下载的 2011 年 4 月 14 日版本。研究表明酵母菌的代谢是有周期性的,因此数据库中提供了 36 个不同时间点采集的 9335 个探针得到的数据集。但是由于有些蛋白质会有两个或者以上的探针,所以实际上数据库中有 6777 个蛋白质的基因表达谱。对于那些有多个基因表达谱的蛋白质,作者选择其表达谱均值最大的那一条数据作为其基因表达谱。

亚细胞定位信息数据集。亚细胞定位信息数据集是 2014 年 4 月

20 日从 COMPARTMENTS 数据库下载的。它提供的亚细胞定位信息来自于文献、高通量显微镜成像、序列预测和文本挖掘。数据集一共包含 819 个亚细胞定位区域。

关键蛋白质数据集。关键蛋白质数据集是从 DEG,MIPS,SGD 和 SGDP 数据库中下载的。数据集一共包含 1204 个关键蛋白质。

(2) ROC 曲线分析

在本小节中,作者将使用 ROC 曲线对六种算法的结果进行比较分析。ROC 曲线又称接受器工作特征曲线(receiver operating characteristic curve),是一种对通过将连续变量设定多个不同的阈值来评价二分类算法的有效性,它综合的反映了二分类算法的灵敏性和特异性。ROC 曲线以特异性为横坐标,特异性又称假阳性(false positive rate),记作 FPR;以灵敏性为纵坐标,敏感性又称真阳性(true positive rate)或者召回率,记作 TPR。其定义如下:

$$FPR = \frac{FP}{(FP+TN)} \quad (3\text{-}4\text{-}19)$$

$$TPR = \frac{TP}{TP+FN} \quad (3\text{-}4\text{-}20)$$

其中,FP 表示假阳性的数量,即预测值为阳性,实际值为阴性。相反地,FN 为假阴性的数量,即预测值为阴性,实际值为阳性。TP 表示真阳性的数量,即预测值和实际值均为阳性。TN 表示真阴性的数量,即预测值和实际值均为阴性。

对于 ROC 曲线,往往利用它曲线下的面积(记作 AUC)来衡量二分类算法的优劣。ROC 曲线越靠近左上角,则表示二分类器的分类准确率越高,因为越靠近左上角的点表示错误越少,即假阳性和假阴性都是最少。当 AUC≤0.5 时,表示二分类算法完全失效;当 AUC>0.5 时,AUC 越接近于 1,表示二分类算法效果越好。在本文中,作者一共有 1204 个关键蛋白质,因此对于包含 SCP 算法在内的全部六个算法,作者只分析其得到的前 1204 个蛋白质的 ROC 曲线,其结果由图 3-4-1 展示。通过图 3-4-1 可以看到,算法 SCP 的 AUC 得分是 0.6986,为六个算法中最高的。由于 DC 算法的模型最为简单,因此它的 AUC 得分仅仅为 0.5570,是六个算法中最低的。其次为 NC 算法,因为它使用了稍微复杂的边聚集系数。因为 PeC 和 WDC 都不仅仅使用蛋白质相互作用网络数据,同时还是用了基因表达数据,所以它们相对应 DC 和 NC 算法,取得了更好的效果。CIC 算法和 SCP 算法的 AUC 得分最高,并且都使用了亚细胞定位信息去预测关键蛋白质。因此实验表明,使用多数据比单一数据对关键蛋白质的预测更加准确,并且亚细胞定位信息对于预测有着重要作用。

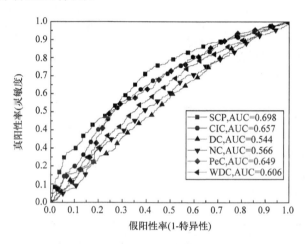

图 3-4-1　不同算法的 ROC 曲线比较

(3) 不同百分比的排序靠前的蛋白质中的关键蛋白质分析

在本小节中,作者将进一步对六种算法的结果进行比较分析。对于全部的 6304 个蛋白质,首先作者可以得到六种方法的蛋白质关键性得分,然后依据其得分的降序排列分别计算前 1%,5%,10%,15%,20%,25% 的蛋白质中关键蛋白质的数量。这个指标可以充分分析六种算法整体的结果,而不是只对某一个阈值进行分析,避免了偶然性对于结果分析的影响。六种算法的前不同百分比的关键蛋白质的数量如图 3-4-2 所示。例如,6304 个蛋白质的前 1% 即为 63 个蛋白质。对于六种算法 CIC,DC,NC,PeC,WDC 和 SCP,其前 63 个蛋白质中关键蛋白质的数量分别为 42,32,28,39,33,51。从图 3-4-2 中依然可以看到,PeC 和 WDC 算法的结果要比 DC 和 NC 算法准确,这六种算法中,算法 SCP 是最好的,这个结果也与 ROC 曲线分析的结果一致。此外,从六个子图中还可以看出,对于前 1%,5%,DC 和 PeC 算法要比 NC 和

WDC 算法更加准确，但是对于前 15%，20% 和 25%，NC 和 WDC 算法要比 DC 和 PeC 算法准确。而 CIC 算法除了前 25%，其他百分比的结果都比较好。而相比于其他五种算法，算法 SCP 在全部的 6 个百分比中结果都是最好的。

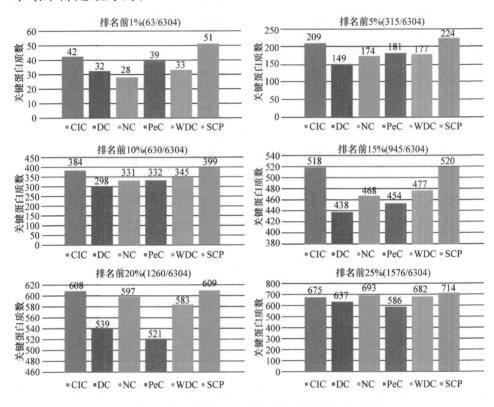

图 3-4-2　排序靠前的蛋白质列表中关键蛋白质的数量

（4）Jackknife 曲线分析

在本小节中，作者将使用 Jackknife 曲线对六种算法的结果进行比较分析。Jackknife 曲线是由 Holman 等最早提出来的。其结果如图 3-4-3 所示，其横轴代表依据不同算法的关键蛋白质得分而降序排列的蛋白质，在本文中作者依然选择得分为前 1204 的蛋白质来进行分析。而纵轴代表在不同阈值的蛋白质中关键蛋白质的数量。从图中可见，相比其他五种算法，算法 SCP 的结果最好。

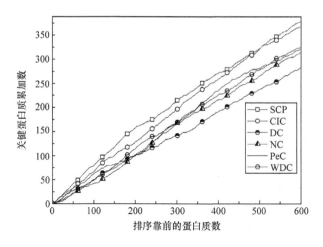

图 3-4-3　不同算法的 Jackknife 曲线比较

(5) PR 曲线分析

在本小节中,作者将使用 PR 曲线对六种算法的结果进行比较分析。PR 曲线是指准确率-召回率(precision-recall)曲线,其中召回率已经在 ROC 曲线部分给出了其计算公式。下面给出准确率的定义:

$$\text{Precision} = \frac{TP}{TP+FP} \qquad (3\text{-}4\text{-}21)$$

对于二元分类的分类器,准确率表示预测的结果中,关键蛋白质的结果占全部蛋白质的比例。而召回率表示现在预测的结果中关键蛋白质占全部关键蛋白质的比例。因此 AUC 比较大的分类器,它的准确率和召回率都很高。因为本数据集中一共有 1204 个关键蛋白质,因此作者依然只分析不同算法的得分在前 1204 的蛋白质。从图 3-4-4 中可以看出,在六种算法中,算法 SCP 的结果是最好的。

(6) 蛋白质相互作用的结果分析

在本小节之前,作者进行的分析都是针对蛋白质关键性排序本身做的,即对蛋白质相互作用网络的结点进行关键性分析。在本小节中,作者将对蛋白质的相互作用进行分析,即对于蛋白质相互作用网络的边进行分析。因为全部 6304 个蛋白质的相互作用网络十分巨大,因此作者依然选择前一部分的蛋白质的相互作用网络来进行分析。首先,作者选择全部六种算法的关键性得分前 50 个蛋白质以及其之间相互

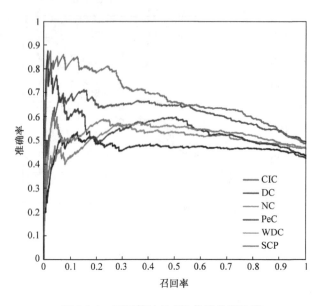

图 3-4-4　不同算法的 PR 曲线分析比较

作用关系画图,结果如图 3-4-5 所示,其中粉色结点代表关键蛋白质,黄色结点代表非关键蛋白质。分别对于 CIC,DC,NC,PeC,WDC 和 SCP 算法,其关键性排名前 50 个蛋白质中关键蛋白质的数目分别为 33,22, 23,34,28 和 43。接下来,作者着重分析其相互作用关系。从图 3-4-5 中,可以清楚看到算法 SCP 的非关键蛋白质与非关键蛋白质之间的相互作用,即红色线是最少的。但是对于非关键蛋白质与关键蛋白质以及关键蛋白质与关键白纸的相互作用,即蓝色和绿色线作者很难区分不同。因此为了分析得更加清楚,作者做了下面的表 3-4-1。因为不同算法得到的前一部分蛋白质的相互作用数量是不同的,因此作者以百分比的形式来分析。从表 3-4-1 可以看出,对于六种算法关键性得分在前 100,200,300 和 400 的蛋白质,作者算法在其相互作用的比例分析中均取得了最好的结果,即关键蛋白质与关键蛋白质之间的相互作用比例最高,而非关键蛋白质与非关键蛋白质之间的相互作用比较最低。例如,对于关键性得分排名前 100 的蛋白质,作者算法得到的结果中非关键蛋白质与非关键蛋白质之间的相互作用仅占全部 100 个蛋白质相互作用的 4.11%,而关键蛋白质与关键蛋白质之间的相互作用占 63.58%,为六种方法中的最佳结果。

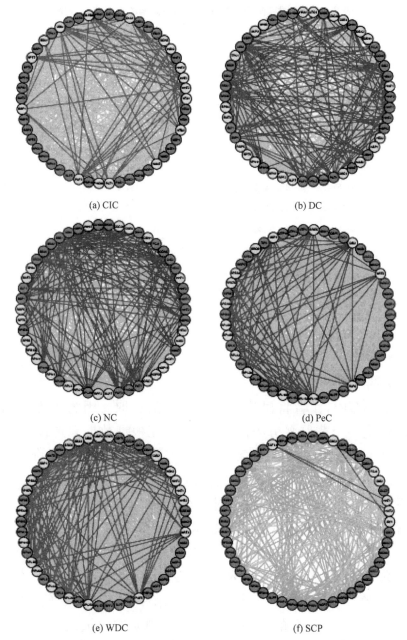

图 3-4-5 六种算法产生的关键性得分位列前 50 的蛋白质及其相互作用分析

粉色结点代表关键蛋白质,黄色结点代表非关键蛋白质;红色线表示非关键蛋白质与非关键蛋白质之间的相互作用,蓝色线表示关键蛋白质与非关键蛋白质之间的相互作用,绿色线表示关键蛋白质与关键蛋白质之间的相互作用

(详见文后彩图)

表 3-4-1　不同算法产生的关键蛋白质之间的相互作用分析

Top	边	CIC	DC	NC	PeC	WDC	SCP
100	Ess-Ess	44.64%	27.82%	18.34%	42.22%	26.43%	63.58%
	Ess-Noness	43.21%	45.86%	45.52%	35.91%	44.92%	32.31%
	Noness-Noness	12.15%	26.32%	36.14%	21.87%	28.64%	4.11%
200	Ess-Ess	45.91%	26.78%	23.86%	35.74%	34.03%	66.05%
	Ess-Noness	41.70%	47.80%	42.88%	35.94%	41.50%	28.21%
	Noness-Noness	12.39%	25.33%	33.27%	28.32%	24.46%	5.74%
300	Ess-Ess	45.74%	23.58%	30.33%	37.20%	35.02%	53.90%
	Ess-Noness	41.68%	47.01%	42.62%	36.18%	40.96%	35.84%
	Noness-Noness	12.58%	29.41%	27.05%	26.62%	24.02%	10.26%
400	Ess-Ess	46.15%	23.74%	30.89%	39.58%	35.35%	51.23%
	Ess-Noness	40.94%	46.22%	42.36%	36.39%	40.96%	37.20%
	Noness-Noness	12.92%	30.04%	26.75%	24.04%	23.70%	11.56%

注：Ess-Ess：关键蛋白质和关键蛋白质构成的边；
Ess-Noness：关键蛋白质和非关键蛋白质构成的边；
Noness-Noness：非关键蛋白质和非关键蛋白质构成的边。

（7）调节参数 λ 的选择

在本小节中，作者将讨论调节参数 λ 的选取。因为关键蛋白质的预测问题是一个非监督分类问题，因此不能根据数据来选择参数 λ，作者只选择三个有代表性的参数 $\lambda \in \{0, 0.5, 1\}$ 来分析作者的算法 SCP 的结果。显然，当 $\lambda = 0$ 时，SCP 蛋白质关键性得分就是完全由皮尔逊相关系数 IPCC 计算的蛋白质关键性得分；而 $\lambda = 1$，SCP 蛋白质关键性得分就是由改进的 PageRank 算法 MPR 计算的得分。在本文中，作者的调节参数 λ 取值为 0.5，即 SCP 蛋白质最终的关键性得分是由皮尔逊相关系数 IPCC 和改进的 PageRank 算法 MPR 共同得到的。为了比较算法 SCP 在不同调节参数 λ 下的预测结果，作者选择前 1%，5%，10%，15%，20%，25% 的蛋白质中关键蛋白质的数量这一核心评价方法来进行比较。结果如表 3-4-2 所示，当 $\lambda = 0.5$ 时，算法 SCP 取得最好的关键蛋白质预测结果，几乎比 $\lambda = 0$ 和 $\lambda = 1$ 全部预测结果都要好，这说明 MPR 和 IPCC 的结果综合在一起更加成功地预测了关键蛋白质。

表 3-4-2　参数 λ 变化时，SCP 产生的关键蛋白质预测结果

λ	1%	5%	10%	15%	20%	25%
0	45	173	335	437	521	589
0.5	51	224	399	520	609	714
1	49	216	403	517	603	700

(8) CIC 与 SCP 的进一步比较分析

在本小节中，作者将对 CIC 与 SCP 进行进一步的比较分析。因为 CIC 和 SCP 都使用了亚细胞定位信息进行关键蛋白质的预测，并且都取得了比较好的预测结果，但是相比于 CIC，SCP 还使用了基因表达谱数据集。

为了进一步说明 SCP 使用的亚细胞定位信息更加准确，作者又把改进的 PageRank 预测关键蛋白质的结果 MPR 与 CIC 进行了比较，因为 MPR 与 CIC 一样，只使用了亚细胞定位信息来进行关键蛋白质的预测。其比较结果如表 3-4-3 所示，尽管改进的 PageRank 预测的关键蛋白质的结果 MPR 比 SCP 的预测结果差，但是它依然比 CIC 的关键蛋白质的预测结果要好。

表 3-4-3　算法 CIC, MPR, SCP 产生关键蛋白质预测结果比较

算法	1%	5%	10%	15%	20%	25%
CIC	42	209	384	518	608	675
MPR	49	216	403	517	603	700
SCP	51	224	399	520	609	714

3.5　本章总结

本章作者首先介绍了 WDC 算法。通过 PCC，基因表达谱被成功地结合到蛋白质相互作用网络中。基于 PCC 和 ECC，一种新的蛋白质预测方法 WDC 被提出。一系列的比较检测表明 WDC 比现存的其他关键蛋白质预测方法要好。具体而言，当用 ROC 曲线和 Jackknife 曲线评测时，显示 WDC 对关键蛋白质和非关键蛋白质的区分能力最强；当用"预测的前若干比例的蛋白质中真实关键蛋白质的数目"作为评价指

标时，WDC预测到了更多的蛋白质。本章也用实验结果证明了WDC不同于其他预测方法。与其他方法相比，WDC提高了关键蛋白质在蛋白质网络中的排名（即增强了它们的关键性）。另外，WDC的实验结果显示，关键蛋白质具有显著的模块性（即聚类性），这一事实验证了文献[48]的推断，即关键性是具有同样功能的紧密相连的蛋白质集合所展现出来的特性。该研究暗示，通过整合不同的生物数据源以预测关键蛋白质是重要的和有效的。未来的工作应该致力于，利用合适的数学模型整合其他数据源，设计新的关键蛋白质预测技术，为生物学家提供可靠的参考。

紧随WDC算法之后，CNC算法被介绍。在该研究中，作者首先利用边聚类系数计算了相互作用的蛋白质之间的加权值。然后，结合亚细胞位置信息再次计算了网络中每条边的权值。每条边的两个权值相乘，乘积作为新网络的权值。最后，新网络中每个蛋白质及其之间邻居之间的加权值被累加作为该蛋白质的得分。所有蛋白质按照其得分降序排列。为了评估CNC方法识别构建蛋白质的性能，作者将它和其他五种类似的方法（即CIC,DC,NC,PeC和WDC）基于四种评价方法，即排序靠前的关键蛋白质数据、ROC曲线、Jackknife曲线和识别精度进行比较。结果显示，CNC方法明显优于其他相似的方法。比较结果也暗示，被CNC方法排列在前面的未知蛋白质更可能是潜在的关键蛋白质，值得生物学家进一步研究。考虑到关键蛋白质和致病基因之间的密切关系，作者将整合不同来源的各种生物学数据如蛋白质亚细胞位置信息，提出新的方法侦测致病基因。

最后，作者整合蛋白质亚细胞位置信息、基因表达谱和蛋白质网络，并改进PageRank算法，设计新的数学模型，提出了SCP算法。数值实验的结果表明相比于其他的五种算法，算法SCP取得很好的结果。

第4章 蛋白质复合物研究

4.1 研究背景

大多数生物进程是由蛋白质实现的,这些蛋白质在物理上相互作用在一起构成化学上稳定的复合物。即使在相当简单的模式生物如酿酒酵母中,复合物都包含了许多协同工作的子单元。这些复合物与单个的蛋白质或者其他复合物相互作用,以形成功能模块。因而,如实地从蛋白质相互作用网络中重建完整的复合物集合不仅对理解复合物的构成很重要,而且,也有助于人们从理解更高级别的细胞组织情况

蛋白质复合物是许多生物过程得以实现的基础,它们产生各种分子机制以执行大量生物功能。复合物由特定的蛋白质组成。这些蛋白质在大规模蛋白质相互作用网络环境中,两两相互作用并紧密结合在一起。后基因组时代,最大的挑战之一就是从蛋白质网络中识别蛋白质复合物。许多研究团队已经使用串联亲和纯化/质谱技术[299]从生物实验上预测蛋白质复合物。然而,这种方法只能预测到一小部分可能的蛋白质复合物,而且不能捕获临时的和低亲缘的复合物[300]。另外,复合物的亚细胞定位信息也在实验中丢失了[301]。最后,实验中使用的标签蛋白质可能干扰蛋白质复合物的形成。由于这些实验限制,研究人员试图使用计算机方法预测蛋白质复合物。

随着各种生物技术(酵母双杂交系统、蛋白质片段互补实验、串联亲和纯化/质谱技术、蛋白质微阵列、荧光共振能量转移和微尺度热迁移等)的发展,大量蛋白质相互作用数据被产生。成对的蛋白质相互作用能被建模为一张网络,其中网络中的结点代表蛋白质,网络中的边代表蛋白质之间的相互作用。蛋白质复合物在蛋白质相互作用网络中有类似的对应物,它就是网络中的密度子图[302]。因此就有可能使用图论

的方法从网络中挖掘密度子图，从而预测蛋白质复合物。过去十年，许多基于图论的蛋白质复合物预测方法先后出现。Stijn van Dongen 发明的马尔科夫聚类方法（Markov clustering，MCL）[303,304]是一种基于随机流仿真的快速无监督聚类算法。由于 MCL 算法的健壮性[305]，通过模拟随机游走，MCL 能用于从蛋白质相互作用网络中识别复合物[306-309]。Bader 等提出了 MCODE 方法[310]，它基于蛋白质连接值在蛋白质相互作用网络中挖掘复合物。CFinder 是 Adamcsek 等开发的复合物识别软件[311]，它使用团渗透方法[312]（clique percolation method，CPM）挖掘蛋白质网络中的 k 团链作为功能模块（复合物）。Wu 等研究了蛋白质复合物内部的组织特性之后，提出了一种基于核-附加部分（Core-AttaCHment）的复合物挖掘方法[313]。Liu 等提出了一种基于极大团的复合物识别方法（clustering base on maximal cliques，CMC）[314]。CMC 利用极大团从加权的蛋白质相互作用网络中预测复合物。Peng Jiang 和 Mona Singh 开发了一种高效的图聚类算法（speed and performance in clustering，SPICi）[315]。SPICi 能从大规模蛋白质网络中挖掘复合物。HC-PINs 是一种基于边聚类值的局部测度的层次聚类算法[316]，它能用于从蛋白质网络中识别功能模块。Nepusz 等最近提出了一种称为 ClusterONE（clustering with overlapping neighborhood expansion）的复合物识别算法[317]。ClusterONE 能从蛋白质网络中挖掘潜在的重叠功能模块（蛋白质复合物）。这些计算机方法都能较好运行在蛋白质相互作用网络上，并且能成功地抽取蛋白质复合物。但是，由于实验条件和环境的限制，高通量技术产生的蛋白质相互作用数据往往具有较高的假阳性和假阴性，这种数据上的先天缺陷对以上的复合物预测方法产生了不可忽视的负面影响。

为了解决或部分解决这个问题，最近的研究开始专注于结合基因表达数据以帮助从蛋白质相互作用中预测蛋白质复合物。事实上，相互作用的蛋白质可能展现了相似的基因表达谱。一些研究已经确认有相似表达模式的基因往往具有相似的功能（即 GBA，guilt-by-association）[318,319]。在这个研究方向上，一些复合物预测方法已经被提出。Feng 等使用基因表达数据加权蛋白质相互作用网络并设计了一个图分片算法从加权蛋白质网络中预测蛋白质复合物[320]。Maraziotis 等通过聚类基因表达谱,也给蛋白质相互作用网络加权并基于该加权网络设计了一个复合物预测算法(detect module from seed protein, DMSP)[321]。这些方法都在一定程度上弥补了蛋白质相互作用数据的不足,但是它们在结合基因表达谱时,依据的原则是 GBA。实际上,在基因表达数据中存在不少例外的情况,即生物功能相似的基因可能展现不同的表达模式[322]。因此,为了设计更有效的复合物识别算法,有必要引入其他生物数据源。

本章的目的是将多种生物数据(基因表达数据、关键蛋白质数据和蛋白质相互作用数据)整合在一起并利用蛋白质复合物的内在组织特性从蛋白质相互作用网络中识别复合物。为了实现这一目标,作者提出了 CMBI(Clustering based on multiple biological information)算法。具体而言,通过组合两个蛋白质之间的边聚类系数(edge clustering coefficient, ECC)[323]和编码这两个蛋白质的基因的共表达谱(Pearson correlation coefficient, PCC)[324],CMBI 首先重新定义了两个相互作用的蛋白质之间的功能相似性。蛋白质相互作用网络中的关键蛋白质被依次选为种子,并依据其邻居是否为关键蛋白质或功能相似而扩展成蛋白质复合物核。复合物核被构造后,CMBI 通过将复合物核的功能相似的邻居加入核中从而构造蛋白质复合物。另外,CMBI 也使用非关键蛋白质生成蛋白质复合物。这需要借助蛋白质复合物本身的组织特性[325]。

为了应对蛋白质组学数据可靠性不高的挑战,作者致力于构建高度可信的蛋白质-蛋白质相互作用网络,并基于这种网络设计了 ClusterBFS(cluster with breadth-first search)算法。

4.2 蛋白质复合物挖掘算法 CMBI

4.2.1 算法描述

成对蛋白质之间的相互作用能建模为简单图,图中结点表示蛋白质,边表示蛋白质之间的相互作用。蛋白质复合物对应蛋白质相互作用网络中的密度子图。边聚类系数 ECC[323]用于测度图中的边聚类在一起的程度,其定义如下:

$$\text{ECC}(x,y) = \frac{Z_{x,y}^{(3)}}{\min(k_x - 1, k_y - 1)} \quad (4\text{-}2\text{-}1)$$

其中,x,y 指相互作用的一对蛋白质,$Z_{x,y}^{(3)}$ 指网络中包括结点 x 和 y 的三角形数,k_x 和 k_y 分别指结点 x 和结点 y 的度(即其邻居数)。$\min(k_x - 1, k_y - 1)$ 指网络中包含结点 x 和 y 的可能的三角形数。ECC 的取值范围在 0 到 1 之间。本研究曾试图用两个相互作用的蛋白质之间的 ECC 表示它们之间的功能相似性(functional similarity,FS),然而蛋白质相互作用网络中假阳性率和假阴性率降低了 ECC 的有效性。几个研究已经证实基因的表达水平和蛋白质丰度之间有相当程度的关联[326,327]。还有研究者指出[328,329]永久复合物的子单元是共表达的,而来自瞬时复合或酵母双杂交实验的相互作用往往与基因的表达呈弱相关。

另外,前面提到的研究[318,319]指出生物功能的相似性往往对应表达的相似性。PCC[324]常用于衡量两列基因表达谱之间的相似性。两列基因表达谱 $X = (x_1, \cdots, x_n)$ 和 $Y = (y_1, \cdots, y_n)$,它们的 PCC 按如下公式计算:

$$\text{PCC} = \frac{\sum_{i=1}^{n}(x_i - \bar{x})(y_i - \bar{y})}{\sqrt{\sum_{i=1}^{n}(x_i - \bar{x})^2}\sqrt{\sum_{i=1}^{n}(y_i - \bar{y})^2}} \quad (4\text{-}2\text{-}2)$$

$\bar{x}$ 表示基因 X 在 n 个时刻的表达值的平均值,$\bar{y}$ 表示基因 Y 在 n 个时刻的表达值的平均值。PCC 的取值区间为 $[-1,1]$。当 PCC 小于 0,表示一个基因的表达被压制以便另一个基因被充分表达,而 PCC 大于 0,意味着两个基本被共表达。当 PCC 的值为 0,则指一个基因对另一个的表达没有影响。本研究通过利用蛋白质网络的 ECC 拓扑特征和基因表达谱的相似性 PCC,重新定义了两个相互作用的蛋白质之间的功能相似性 FS,即

$$\text{FS}(x,y) = \text{ECC}(x,y) \times \lambda + \text{PCC}(x,y) \times (1-\lambda) \quad (4\text{-}2\text{-}3)$$

经过简单的计算可知 FS(x,y) 的取值范围在 -1 到 2 之间。在蛋白质相互作用网络中,蛋白质之间的相互作用是不能同等对待的,一些相互作用比另一些相互作用更重要,所以 Wang 等[330] 就曾经直接使用 ECC 衡量蛋白质之间的相互作用的强弱并构建加权网络以预测其中的关键蛋白质。他们的研究取得了成功,新提出的关键蛋白质预测方法远比传统的中心性测度方法要好。但是,用 ECC 直接加权蛋白质网络实际上是不精确的,因为蛋白质相互作用数据中存在假阳性率和假阴性率。一方面,由于虚假相互作用(假阳性率)的存在导致蛋白质相互作用网络中计算出来的 ECC 值比实际的 ECC 值要高;另一方面,由于某些真实的相互作用无法从生物实验中获取(即蛋白质网络是不完整的,有假阴性)导致计算出的 ECC 比真实的 ECC 值要低。其实,基因表达信息能够在一定程度上降低假阳性率和假阳性率带来的负面影响。导入基因表达谱之间的相似性(用 PCC 衡量)能够更精确地描述两个蛋白质之间的功能相似性。具体而言,当 PCC 大于 0,它意味着两个基因可能共表达。在这种情况下,与 ECC 加权方法相比,FS 加权方法增加蛋白质之间的加权值是合理的。当 PCC 小于 0,意味这某个基因可能被抑制,以便另一个基因被表达。此时,FS 加权方法降低蛋白质之间的加权值是合理的。

最近,一些研究者研究了关键蛋白质和蛋白质复合物之间的关系。Hart 等研究了蛋白质的关键性并得出结论:关键蛋白质紧密聚集在一起[318]。Zotenko 等证明关键性涉及一组紧密相连且具有共同生物功能的蛋白质[331]。另外,He 等[332] 指出在蛋白质相互作用网络中存在大量关键相互作用。他们定义关键相互作用为关键蛋白质之间的相互作用,而关键蛋白质是生命体生存和繁殖所必须的,移除关键蛋白质中任何一个都会导致关键相互作用的消失进而使生物体面临致命威胁。这些研究表明,蛋白质的关键性其实与蛋白质复合物密切相关。经过统计分析,可以发现来自 CYC2008[333] 的已知蛋白质复合物中有超过一半的复合物物种含有关键蛋白质。因此,CMBI 优先采用关键蛋白质作为种子并通过加入其关键蛋白质邻居来扩充蛋白质复合物。

总之,在 CMBI 中考虑关键蛋白质和基因表达信息能够最大可能降低相互作用数据中假阳性率和假阳性率带来的负面影响。

另外,最近的研究揭示了一个事实,即蛋白质复合物通常包括一个核,核内的蛋白质高度共表达和具有高度的功能相似性[325]。同时,蛋白质复合物核通常被附加的蛋白质环绕,这些附加的蛋白质帮助核执行次要的生物功能[325]。CMBI算法在设计时充分考虑了复合物本事的这种组织特性。CMBI首先从种子的邻接图中识别复合物核,然后考虑核的附加蛋白质,将核扩展为蛋白质复合物。接下来,CMBI将被详细描述。

CMBI算法接收一张蛋白质相互作用网络,然后输出一组密度子图。首先,网络被建模为一张无向图$G=(V,E)$,其中,顶点集合V中的元素代表蛋白质,边集合E中的元素代表相互作用。顶点v的度指v在G中的邻居数,记为$\deg(v)$。本章新定义顶点的二级度(secondary-level degree,sdeg)如下:

$$\mathrm{sdeg}(v) = \deg(v) + \sum_{i=1}^{k}\deg(u_i) \qquad (4\text{-}2\text{-}4)$$

公式(4-2-4)中u为顶点v的邻居,k为顶点v的邻居数。G的密度为

$$\deg(G)=\frac{2\times|E|}{|E|\times(|E|-1)} \qquad (4\text{-}2\text{-}5)$$

设有两个图A和B,它们的重叠得分(overlap score,OS)为

$$\mathrm{OS}=\frac{|V_A\cap V_B|^2}{|V_A|\times|V_B|} \qquad (4\text{-}2\text{-}6)$$

公式(4-2-6)中,V_A和V_B分别指图A和图B中的结点数。

对于集合V中的顶点v,v的邻接图包含v及其邻居,以及v和邻居之间的边(相互作用)。邻接图可以标记为$G_v=(V',E')$,其中,$V'=\{v\}\cup\{u|u\in V,(u,v)\in E\}$,$E'=\{(u_i,u_j)\in E,u_i,u_j\in V'\}$。复合物核的邻居是指,与复合物核中的蛋白质直接相连的但在核外的蛋白质。复合物核标记为$C=(V_C,E_C)$,则C的邻居标记为$N(C)=\{u|(u,v)\in E,v\in V_C,u\in V,u\notin V_C\}$,其中,$V_C$是核$C$中的顶点集合,$E_C$是$V_C$中顶点之间的边的集合。再用$N_v$表示$N(C)$中顶点$v$的邻居的集合,则$|N_v\cap V_C|$就表示$C$中与$v$相连的顶点的数目,进而可以定义

$$\text{closeness}(v,C) = \frac{|N_v \cap V_C|}{|V_C|}$$

来量化顶点 v 和复合物核 C 之间的密切关系。

CMBI 算法预测蛋白质复合物分两个阶段。在第一阶段，CMBI 选择关键蛋白质为种子扩展复合物。首先通过对照标准关键蛋白质集合，可以得到酵母蛋白质网络中的 1156 个关键蛋白质，将这些关键蛋白质构成的集合记为 $\text{Ess}(v)$。然后取 $\text{Ess}(v)$ 中的关键蛋白质 v，从 v 的邻接图 G_v 中识别复合物核。考查 v 的每一个邻居 u，如果 u 是关键蛋白质或者 $FS(v,u) > T$（T 是阈值），则将 v 和 u 构成初始的复合物核 C，遍历 v 的邻居，做同样的处理，构建复合物 C。遍历 $\text{Ess}(v)$ 中的所有关键蛋白质种子并扩展为相应的复合物核。识别完复合物核之后，CMBI 开始通过复合物核的邻居 $N(C)$ 构建复合物。如果 $N(C)$ 中的顶点 w 与复合物核 C 中的顶点 v 的相似性 $FS(w,v) > T$（T 是阈值），则将 w 加入 C 中，遍历 $N(C)$ 中的顶点，做同样处理，构建蛋白质复合物，遍历所有复合物核，做同样处理，形成相应的复合物。在第一阶段的复合物识别过程中，由于反复从不同的种子中扩展复合物，所以可能产生冗余。因此，CMBI 在此设计了一个冗余过滤子程序。由于已知复合物集合中每个复合物中包含的蛋白质数目都大于 1，所以过滤子程序首先删除了只包含一个蛋白质的复合物；然后删除那些被其他复合物包含的复合物（指复合物中每个蛋白质都在另一复合物中出现）。接下来，过滤子程序处理那些有重叠但又各自拥有不同蛋白质的复合物。由于蛋白质有多种功能，因而蛋白质网络中的结点可能属于不同的聚类，例如 CYC2008[333] 的已知复合物集合中有 1628 个蛋白质，其中 207 个参与了不止一个已知复合物的形成。这一事实表明，真实的蛋白质复合物中存在重叠。因此 CMBI 预测到了一些重叠的蛋白质复合物是合理的。但是，仍然有必要合并那些重叠率很高的复合物。过滤子程序利用公式（4-2-6）来合并这些复合物。具体而言，将需要进一步处理的复合物按其包含的蛋白质数降序排列，取最大的复合物，依次与小于它的复合物比较，如果，它们的 OS 值大于给定的阈值 R，则将小复合物丢弃。循环比较，直到冗余的复合物被处理完。

同时，人们也发现，一些已知的蛋白质复合物中其实并不包含关键蛋白质，因此，算法在第一阶段，无法识别不包含关键蛋白质的复合物。在第二阶段，CMBI 试图识别这些不含关键蛋白质的复合物。

CMBI 收集酵母蛋白质网络中剩余的蛋白质，构成集合 H。H 中的蛋白质不属于第一阶段识别的复合物。由于蛋白质复合物对应蛋白质网络中的密度子图，CMBI 的目标是挖掘这些密度子图，因此，在第二阶段，CMBI 将 H 中的蛋白质，按其二级度排序并作为种子。CMBI 选择二级度最大的蛋白质作为种子扩充蛋白质复合物核。考查种子在集合 H 中的邻接图，如果该种子与邻居构成的图的密度大于 0.7[36,37]，则将该邻接图直接作为复合物核输出，否则，邻接图中的顶点按其度从小到大依次删除，直到邻接图的密度大于 0.7 为止。复合物核生成后，H 中与该核重叠的蛋白质将被删除。H 中剩余的蛋白质仍将按二级度排序并作为候选种子，采用同样的过程构建复合物核。所有复合物核创建之后，删除其中只包含一个或两个蛋白质（因为两个蛋白质构成的核的密度总是大于 0.7）的核。接下来，将复合物核扩展成复合物。考查核 C 的邻居 w，如果 closeness$(w, C) > 0.5$，则将 w 加入 C。遍历 C 的邻居，采用同样的扩充方式，形成蛋白质复合物。类似地，其他蛋白质复合物也能生成。表 4-2-1 给出了 CMBI 的伪代码。

表 4-2-1　CMBI 的伪代码

```
Algorithm 1 CMBI
Input:
    PPI network G=(V,E);
    essential protein set Ess(v);
    gene expression profiles;
    functional similarity threshold T;
    overlap score threshold R;
Output:
    set of protein complexes SC discovered from G;
Description:
(1) SC=∅;// initialization
(2) for each vertex v∈Ess(v) do
(3)    construct the core graph of Gv,C=(VC,EC);
//VC={u|u∈Ess(v) or FS(u,v)>T,u∈Gv}
```

续表

Algorithm 1 CMBI

```
(4) for each vertex w ∈ N(C) do
//N(C) includes all direct neighbors of C
(5)     if FS(v,w)> T then // v∈ C
(6)         insert w into C;
(7) if C⊆Cx then SC= SC∪{C};// Cx∈ SC
(8) B=arg maxOS(G',C),G'∈ SC;
   //B is C's most similar subgraph in SC
(9) if OS(B,C)< R do
(10)    insert C into SC (Inserting);
(11) else
(12)    if|VC|⩾|VB|do
(13)        insert C into SC in place of B(Substituting);
(14) else
(15) discard C(Discarding)
(16) H=V-Q;
// The set Q contains all proteins in the complexes
grown from the essential protein seeds.
(17) sort every v∈ H in descending order
according to its secondary-level degree;
(18) for each vertex v∈ H do
(19) construct the core graph of Gv,C=(VC,EC);
//VC={u|u∈ H and den(C)>0.7,u∈ Gv}
(20) H=H-VC;
(21) if C> 2 then //discard those cores only including
one protein or two proteins
(22) for each vertex w∈ N(C) do
//N(C) includes all direct neighbors of C
(23) if closeness(w,C)> 0.5 then
(24)    insert w into C;
(25) SC= SC∪{C};
(26) output the complexes in SC;
```

4.2.2 结果和讨论

CMBI 已经用于从酵母的蛋白质相互作用网络中预测蛋白质复合

物。在本节，为了全面评测 CMBI 的性能，CMBI 被用于和八种蛋白质复合方法（即 MCODE[310]，MCL[5,6]，CFinder[311]，CMC[314]，COACH[313]，SPICi[315]，HC-PINs[316] 和 ClusterONE[317]）进行比较。除此之外，参数 T 和 R 对 CMBI 性能的影响也被详细分析。为了验证加权网络的有效性，不同的预测方法在其上的预测结果也被与非加权网络的结果进行对比分析。

(1) 数据源

蛋白质相互作用数据。酵母的蛋白质相互作用数据来自 DIP 数据库（http://dip.doe-mbi.ucla.edu/dip/Download.cgi?SM=7/），更新到 2012 年 2 月。尽管自相互作用代表了自调控或蛋白质二聚体，可能包含重要的生物信息，但是，由于 CMBI 选择关键蛋白质作为种子扩充复合物，而关键蛋白质与中心性-致命性规则密切相关，人们在研究中心性-致命性规则时，没有考虑蛋白质网络中的自相互作用，所以在本研究中自相互作用被移除。最终得到的蛋白质相互作用网络包含 5023 个蛋白质和 22570 个相互作用。

基因表达数据。文献[336]中酿酒酵母的微阵列数据集描述的酵母的代谢周期的基因表达数据。它强调基因在代谢周期中体现的动态性和周期性。该数据可以从 NCBI 的基因表达数据总库中下载（http://www.ncbi.nlm.nih.gov/projects/geo/query/acc.cgi?acc=GSE3431）。它包括了 9335 个探针在 36 个不同时间点的表达值，探针集实际对应 6777 个酿酒酵母的基因。

关键基因数据。酿酒酵母的关键基因数据综合自四个来源，即 MIPS[337]，SGD[338]，DEG[339] 和 SGDP（http://www-sequence.stanford.edu/group/yeast_deletion_project），总共包括 1285 个关键基因。

(2) 评价方法

将计算机方法预测出的复合物与已知的标准复合物进行比较，是评测蛋白质复合物挖掘技术最常用的方法。该方法需要计算灵敏度（sensitivity, S_n）、特异性（specificity, S_p）和二者的调和评价值（F-measure）。用来作为参考的已知蛋白质复合物来自 CYC2008[333]，包括 408 个包含两个或两个以上蛋白质的复合物。文献[310]提供的打分方案被用于确定预测出的复合物与已知复合物匹配的好坏程度。如果两个复合物相互作用重叠,它们需要共享一个或多个蛋白质。一个预测出的蛋白质和已知蛋白质之间的重叠得分(overlap score,OS)是评测被预测复合物生物重要性的测度统计量,前提是,已知蛋白质复合物必须有生物学意义。OS能通过公式(4-2-6)计算出。如果OS的值为1,表示被预测的复合物与已知复合物完全重叠,相反,如OS的值为0,表示被预测蛋白质复合物与已知复合物没有共同的蛋白质[310]。

真阳性数(true positives,TP)定义为OS值超过某一阈值的被预测复合物数;假阳性数(false positives,FP)指被预测复合物总数减去真阳性数的差;假阴性数(false negatives,FN)指没有被预测出的复合物匹配的已知复合物数。基于TP,FP和FN,可以将S_n和S_p分别定义为TP/(TP+FN)和TP/(TP+FP)[310],进而定义二者的调和平均值F-measure以综合衡量聚类方法的性能[340]:

$$\text{F-measure} = \frac{2 \times S_n \times S_p}{S_n + S_p} \tag{4-2-7}$$

另外,GO功能富集分析也被用于检测聚类方法的性能。Gene Ontology常翻译为基因本体。实际上,该评价方法提供了一个庞大的由标识了基因产物属性的术语构成的集合。基因本体涵盖了三个领域即细胞组分(cellular component,CC)、分子功能(molecular function,MF)和生物过程(biological process,BP)。CC涵盖了细胞的组成部分及其细胞外环境;MF描述了基因产物在分子水平上的基本活动,如绑定或催化作用;BP指定义了开始和结束的分子事件的集合,这些事件与综合的生命单元(细胞、组织、器官和有机体)的功能密切相关。GO本体被结构化为有向无环图,每一个术语定义了在同一领域(有时也包括其他领域)内该术语与一个或一个以上其他术语的相互关系。GO词汇表被设计为物种中立的并包括了应用于原核生物、真核生物、单细胞生物和多细胞生物的术语。通过确定被注释为某一功能的已知蛋白质数目是否富集,人们能将一个功能模块与已知的生物功能建立关联,这种关联能用超几何分布来判断是否存在。P值能够用于确定一个被给蛋白质集合随机富集于某一被给生物功能的概率。在文献[323]中,它被用来作为给每一个聚类指派一个功能的标准。聚类的P值越小,越证明该聚类不是随机出现的。在 GO 注释的术语中,具有更小 P 值的一组基因比具有更高 P 值的基因更重要。

考虑一个包含 c 个蛋白质的聚类,其中 m 个蛋白质被注释为功能 A。假定在蛋白质相互作用数据集合中有 N 个蛋白质,它们当中的 M 个被注释为功能 A。观察到 N 个蛋白质中 m 或更多的蛋白质被注释为功能 A 的概率为

$$P = 1 - \sum_{i=0}^{m-1} \frac{\begin{bmatrix} M \\ i \end{bmatrix} \begin{bmatrix} N-M \\ c-i \end{bmatrix}}{\begin{bmatrix} N \\ c \end{bmatrix}} \qquad (4\text{-}2\text{-}8)$$

基于以上的公式,三种本体中的每一个本体的 P 值都能计算出来。如果存在来自同一本体的多个功能注释,其中具有更小 P 值的注释被指派给聚类。也就是说,没有任何限制的 P 值并不能标示聚类的重要性。因而作者采用被推荐的剪切值 0.01[341]来选择重要的功能模块。

GO::TermFinder 是一个评价 GO 术语(代表从一群基因中抽取的一组基因)统计重要性的流行软件包,它用公式(4-2-8)计算功能模块的 P 值[342]。GO::TermFinder 接收一列感兴趣的基因并且返回一组对应于这些基因的 GO 术语以及与基因列表中这些术语的富集相关的 P 值和 FDR 值。在本研究中,直接使用 GO::TermFinder 对从 TC-PINs 识别出的 2000 多个功能模块进行 GO 功能富集分析是不方便的,因为这个软件包每次仅能处理一个功能模块。因而,基于该软件的最新版本[343],作者用 Perl 语言开发一个自动依次处理大量功能模块的程序。

(3) 与已知复合物的比较

Bader 等[310]研究了 OS 对被预测复合物数目和被匹配的已知复合物数目的影响之后,发现被匹配的已知复合物的平均数目和最大数目在 OS 的阈值区间[0,0.2]上比区间[0.2,0.9]上下降得更快。这意味着许多被预测的复合物仅仅有一个或少数几个蛋白质和已知复合物重叠。OS 阈值在区间[0.2,0.3]上过滤掉了大部分和已知复合物没有多少重叠的被预测复合物。表 4-2-2 显示了当 OS 的值为 0.2 时,各方法预测出的复合物的基本信息,其中♯PC 指每种算法预测出的复合物的

总数，AS 指每种方法预测的复合物的平均大小，MS 指每种方法预测出的复合物的最大尺寸，MKC 表示至少被一个或一个以上的被预测复合物匹配的已知复合物的数目，MPC 表示至少被一个或一个以上的已知复合物匹配的被预测复合物的数目，PMC 指完全匹配了已知复合物的被预测复合物数目。如表 4-2-2 所示，CMBI 预测到了 760 个复合物，其中 334 个匹配了 161 个已知复合物。CMBI 识别的最大复合物包括了 114 个蛋白质，所有复合物中包含的蛋白质的平均数为 15.35。另外，CMBI 预测了 10 个和已知复合物完全匹配的复合物。其他方法预测的复合物的属性也被显示在表 4-2-2。

表 4-2-2 OS 值为 0.2 时被预测的复合物的基本信息

算法	#PC	AS	MS	MKC	MPC	PMC
CMBI	760	15.35	114	161	334	10
MCODE	59	13.59	82	30	28	2
MCL	928	5.15	122	195	174	12
CFinder	197	13.31	1821	83	75	12
CMC	235	6.13	32	124	119	8
COACH	902	9.18	59	219	319	15
SPICi	574	4.70	48	143	118	7
HC-PINs	277	5.67	118	149	119	20
ClusterONE	371	4.90	24	136	155	6

表 4-2-3 显示了各种算法的匹配分析结果。从表中可以发现，CMBI 的 F-measure 值为 0.50，比 MCODE,MCL,Cfinder,CMC,COACH,SPICi,HC-PINs 和 ClusterONE 分别高 316.67%,92.31%,100.00%,35.14%,11.11%,100.00%,38.89% 和 28.21%。从灵敏度指标 S_n 来看，CMBI 提供了第二高的值，仅次于 COACH。另外，CMBI 的特异性 S_p 值也比大多数算法的高。

表 4-2-3 各算法预测的复合物与已知复合物的匹配分析结果

算法	S_n	S_p	F-measure
CMBI	0.57	0.44	0.50
MCODE	0.07	0.47	0.12
MCL	0.45	0.19	0.26

续表

算法	S_n	S_p	F-measure
CFinder	0.19	0.38	0.25
CMC	0.30	0.51	0.37
COACH	0.63	0.35	0.45
SPICi	0.31	0.21	0.25
HC-PINs	0.31	0.43	0.36
ClusterONE	0.36	0.42	0.39

图 4-2-1 给出了一个匹配分析的实例。图 4-2-1(a)显示的是已知的复合物 Exocyst，它包含了八个蛋白质。图 4-2-1(b-j)分别是 CMBI，MCODE，MCL，CFinder，CMC，COACH，SPICi，HC-PINs 和 ClusterONE 预测到的与已知复合物匹配的复合物。图 4-2-1(b-j)中深色标记的顶点表示与已知复合物共有的蛋白质。从这个例子可以看出，CMBI 预测到的复合物包含 12 个蛋白质，覆盖了已知复合物中的 7 个蛋白质，而 MCODE，MCL，CFinder，CMC，COACH，SPICi，HC-PINs 和 ClusterONE 方法预测到的复合物仅仅分别覆盖了 5，6，5，4，4，3，6 和 5 个蛋白质。CMBI 覆盖的蛋白质数目要多于其他方法。

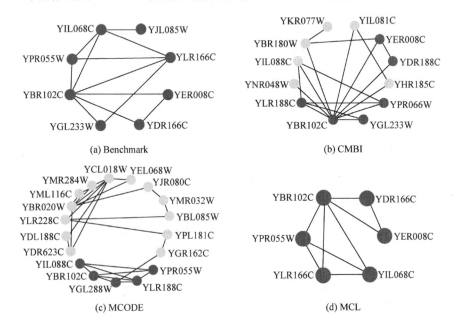

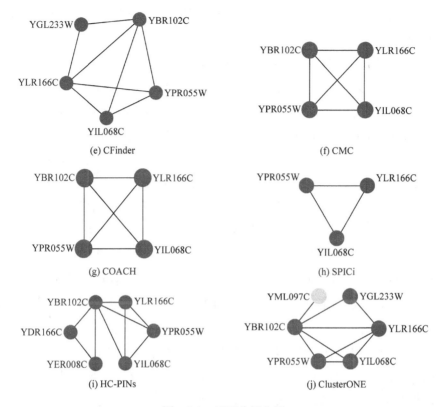

图 4-2-1 匹配分析实例

(4) GO 功能富集分析

GO 功能富集是另一套常用的评价体系。它能够验证预测出的复合物与实际的生物功能之间的相关性。本小节,基于 GO::termFinder 软件包[343]开发的 GO 分析工具被用于对各种方法预测的蛋白质复合物进行 GO 的 BP,CC 和 MF 分析。

首先,综合的 GO 功能富集分析被执行。每个算法预测的复合物的 P 值(进行了包法隆校正)被计算。校正后的 P 值小于 $0.01^{[341]}$ 的复合物被认为是重要的和有生物意义的。Maraziotis 等[321]发现算法识别的复合物中重要复合物所占的比例能被用于评估算法的性能。因此,重要复合物的比例所谓评估指标之一被计算出。另外,被预测复合物的 P-score 值(即对每个复合物的 P 值取负对数之后,再求所有复合物的平均值)也被计算出并作为综合评估指标。

表 4-2-4—表 4-2-6 显示了 BP,CC 和 MF 的综合分析结果。表中的 SC 表示重要复合物（即其 P 值小于 0.01）的数目；PC 表示每种方法预测的复合物的总数，如表 4-2-4 所示，CMBI 识别的 760 个复合物中有 680 个是重要复合物。与其他算法（除了 MCODE）相比，CMBI 预测的重要复合物的比例更高，达到了 89.47%。尽管 MCODE 预测的重要复合物的比例高于 CMBI，但是 MCODE 总共只预测到了 59 个复合物，而且如表 4-2-2 所示，当 OS 阈值为 0.2 时，只有 30 个复合物能匹配已知复合物。换句话说，即 MCODE 预测到的重要复合物太少。重要的是，表 4-2-4 还显示 CMBI 的 P-score 值比 MCODE,MCL,CFinder,CMC,COACH,SPICi,HC-PINs 和 ClusterONE 的 P-score 分别高 66.97%,128.62%,79.97%,47.55%,61.95%,111.09%,43.14% 和 58.19%。CMBI 的这种优势在对应 MF 分析的表 4-2-6 中继续被保持。重要的是，在对应 CC 分析的表 4-2-5 中，无论重要复合物的比例还是 P-score，CMBI 预测出的复合物的统计分析值远比其他算法的要高。表 4-2-7 列出了 CMBI 预测出的 10 的复合物实例，表中第五列是被预测的复合物（第三列）和已知复合物（第四列）之间的重叠得分 OS，最后一列显示了被预测复合物与已知复合物重叠的蛋白质数。这些复合物的虚假发现率（false discovery rate,FDR）都为 0 且 P 值都非常低，说明它们都有显著的生物学意义。图 4-2-2 给出了 CMBI 预测出的三个蛋白质复合物的实例。图 4-2-2(a) 中的第一个例子是表 4-2-7 中编号为 6 的复合物，它包括 14 个蛋白质，覆盖了真实复合物 U1 snRNP complex（GO 编号：0005685）的 17 个蛋白质中的 14 个（图中的深色圆点）[333]。图 4-2-2(b) 显示了表 4-2-7 中编号为 7 的复合物，它包括 14 个蛋白质，覆盖了真实复合物 Nuclear exosome complex（GO 编号：0000176）[333] 中全部 12 个蛋白质，剩下两个蛋白质（即 YER025W 和 YPL237W）是新发现的。图 4-2-2(c) 显示了表 4-2-7 中编号为 4 的复合物，它包括 12 个蛋白质，覆盖了真实复合物 transcription factor TFIID complex（GO 编号：0005669）[333] 的 12 个蛋白质中的 11 个，有一个新蛋白质（即 YOR174W）。

表 4-2-4 综合的 BP 分析

算法	CMBI	MCODE	MCL	CFinder	CMC	COACH	SPICi	HC-PINs	ClusterONE
♯SC	680	55	414	122	196	736	297	176	253
♯PC	760	59	928	197	235	902	574	277	371
比例	89.5%	93.2%	44.4%	61.9%	83.4%	81.6%	51.7%	63.5%	68.2%
P-score	12.94	7.75	5.66	7.19	8.77	7.99	6.13	9.04	8.18

表 4-2-5 综合的 CC 分析

算法	CMBI	MCODE	MCL	CFinder	CMC	COACH	SPICi	HC-PINs	ClusterONE
♯SC	664	49	306	90	176	663	222	143	202
♯PC	760	59	928	197	235	902	574	277	371
比例	87.4%	83.1%	30.0%	45.7%	74.9%	73.5%	38.7%	51.6%	54.5%
P-score	14.94	9.26	7.38	9.25	11.10	10.27	7.72	11.10	9.36

表 4-2-6 综合的 MF 分析

算法	CMBI	MCODE	MCL	CFinder	CMC	COACH	SPICi	HC-PINs	ClusterONE
♯SC	637	52	478	134	178	709	343	190	273
♯PC	760	59	928	197	235	902	574	277	371
比例	83.8%	88.1%	51.5%	68.0%	75.7%	78.6%	59.8%	68.6%	73.6%
P-score	9.94	6.61	5.68	6.86	7.45	6.86	5.90	8.18	7.12

表 4-2-7 CMBI 识别的 10 个复合物实例

编号	P 值	预测复合物	已知复合物	OS	重叠蛋白质数
1	2.61e-34	YDR228C YDL140C YER133C YOR250C YMR061W YPR107C YJR093C YKR002W YDR301W YLR115W YAL043C YLR277C YGR156W YNL317W YKL059C YNL222W YKL018W	mRNA 分裂和聚腺苷酸化特异性因子复合物	0.66	13
2	6.67e-31	YPR178W YKL173W YGR074W YFL017W-A YBL026W YLR147C YER029C YML025C YBR055C YHR165C YPR082C YJR022W YGR091W YER172C YDR378C YLR438C-A YOR320C YLR275W YPR182W YDR473C YBR152W	U5snRNP 复合物	0.34	10

续表

编号	P值	预测复合物	已知复合物	OS	重叠蛋白质数
3	1.72e-28	YPR190C YER022W YDL150W YKL144C YPR110C YNR003C YIL126W YFR037C YLR321C YKR025W YML127W YDR045C YJL011C YOR116C YNL151C YOR207C YCR052W YOR224C YBR089C-A	DNA导向的RNA3型聚合酶复合物	0.45	12
4	1.31e-26	YDR167W YML015C YMR236W YMR005W YBR198C YML098W YPL011C YMR227C YGL112C YDR145W YGR274C YOR174W	转录因子TFIID复合物	0.67	11
5	2.49e-25	YOR261C YER021W YGL061C YDL007W YER012W YLR421C YGL048C YDR427W YKL145W YDL147W YDR394W YJL194W YHR027C YPR108W YOR259C YER094C YDR363W-A YOR117W YFR004W YFR052W YBR156C YDL097C	19/22S调控子复合物	0.60	17
6	3.06e-24	YHR086W YKL012W YGR074W YFL017W-A YLR147C YIL061C YGR013W YDL087C YDR235W YLR298C YLR275W YPR182W YML046W YDR240C	U1snRNP复合物	0.82	14
7	4.93e-20	YGR158C YGR095C YPL237W YHR069C YHR081W YDL111C YNL232C YCR035C YDR280W YER025W YOR001W YOL021C YGR195W YOL142W	细胞核外切体复合物	0.86	12
8	2.42e-19	YDL165W YNR052C YCR093W YPR072W YIL038C YNL288W YAL021C YER068W YGR134W	CCR4-NOT核心复合物	1.00	9
9	5.45e-19	YBR167C YNL282W YAL033W YGR030C YHR062C YNL221C YBL018C YBR257W	核仁核糖核酸酶P复合物	0.89	8
10	8.79e-15	YIL061C YBR102C YPR055W YBR160W YIL068C YKR077W YHR165C YGL233W YLR166C YER008W YNR046W YDR166C	泡外复合物	0.51	7

其次，为了更精细地分析各种算法预测出的复合物的生物学意义，P值的取值范围被划分为五个区间：＜e-15，[e-15，e-10)，[e-10，e-5)，[e-5，0.01)和≥0.01。

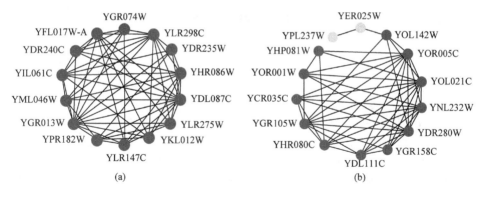

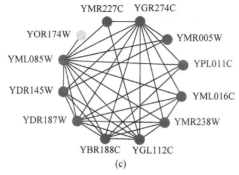

图 4-2-2 GO 分析实例

表 4-2-8—表 4-2-10 分别对应 BP,CC 和 MF 的 GO 分析结果。这些表格显示了各种方法预测出的所有复合物中落在 P 值的各个区间中的复合物的数目和比例（表中括号内的数字）。正如"评价方法"一节所提到的，复合物的 P 值越低，其生物意义更显著，如果 P 值大于 0.01，则该复合物没有生物学意义。则当复合物的 P 值小于 e-15 时，复合物的生物意义最强，如表 4-2-8—表 4-2-10 所示，在这个区间上，CMBI 预测出的复合物无论数量还是百分比都远远超过其他方法的预测结果。同时，在区间 $\geqslant 0.01$ 上，其他方法（除了 MCODE）预测的复合物数量和比例都超过了 CMBI 的预测结果。最后，在本研究中，出现了一个有趣的事实，即 CMBI 预测的一些复合物没有匹配任何已知的复合物，但是它们具有很低的 P 值。由于用作参考的已知复合物的不完整性，CMBI 预测的这些复合物给生物学家提供了需要生物实验进一步验证的潜在的候选复合物。本部分 GO 分析的结果表明 CMBI 预测出的复合物的质量要高于其他预测方法。

表 4-2-8 精细的 BP 分析

算法	<e-15	[e-15,e-10]	[e-10,e-5]	[e-5,0.01]	≥0.01
CMBI	200(26.32%)	112(14.74%)	169(22.24%)	199(26.18%)	80(10.53%)
MCODE	7(11.86%)	8(13.56%)	18(30.51%)	22(37.29%)	4(6.78%)
MCL	21(2.21%)	26(2.74%)	104(10.95%)	285(30.00%)	514(54.11%)
CFinder	8(4.06%)	16(8.12%)	33(16.75%)	65(32.99%)	75(38.07%)
CMC	27(11.49%)	37(15.74%)	66(28.09%)	66(28.09%)	39(16.60%)
COACH	98(10.86%)	93(10.31%)	238(26.39%)	307(34.04%)	166(18.40%)
SPICi	21(3.66%)	16(2.79%)	66(11.50%)	194(33.80%)	277(48.26%)
HC-PINs	28(10.11%)	13(4.69%)	48(17.33%)	87(34.41%)	101(36.46%)
ClusterONE	28(7.55%)	40(10.78%)	108(29.11%)	97(26.15%)	118(31.81%)

表 4-2-9 精细的 CC 分析

算法	<e-15	[e-15,e-10]	[e-10,e-5]	[e-5,0.01]	≥0.01
CMBI	251(33.03%)	132(17.37%)	113(14.87%)	168(22.11%)	96(12.63%)
MCODE	6(10.17%)	9(15.25%)	18(30.51%)	16(27.12%)	10(16.95%)
MCL	32(3.45%)	23(2.48%)	82(8.84%)	169(18.21%)	622(67.03%)
CFinder	10(5.08%)	13(6.60%)	27(13.71%)	40(20.30%)	107(54.31%)
CMC	40(17.02%)	36(15.32%)	55(23.40%)	45(19.15%)	59(25.11%)
COACH	154(17.07%)	90(9.98%)	178(19.73%)	241(26.72%)	239(26.50%)
SPICi	30(5.23%)	17(2.96%)	49(8.54%)	126(21.95%)	352(61.32%)
HC-PINs	27(9.75%)	13(4.69%)	42(15.16%)	61(22.02%)	134(48.38%)
ClusterONE	39(10.51%)	26(7.01%)	64(17.25%)	73(19.68%)	169(45.55%)

表 4-2-10 精细的 MF 分析

算法	<e-15	[e-15,e-10]	[e-10,e-5]	[e-5,0.01]	≥0.01
CMBI	119(15.66%)	93(12.24%)	177(23.29%)	248(32.63%)	123(16.18%)
MCODE	2(3.39%)	7(11.86%)	20(33.90%)	23(38.98%)	7(11.86%)
MCL	14(1.51%)	23(2.48%)	71(7.65%)	370(39.87%)	450(48.49%)
CFinder	6(3.05%)	11(5.58%)	24(12.18%)	93(47.21%)	63(31.98%)
CMC	20(8.51%)	18(7.66%)	53(22.55%)	87(37.02%)	57(24.26%)
COACH	55(6.10%)	60(6.65%)	201(22.28%)	393(43.57%)	193(21.40%)
SPICi	11(1.92%)	16(2.79%)	60(10.45%)	256(44.60%)	231(40.24%)
HC-PINs	18(6.50%)	16(5.78%)	45(16.25%)	111(40.07%)	87(31.41%)
ClusterONE	20(5.39%)	26(7.01%)	63(16.98%)	164(44.20%)	98(26.42%)

(5) 验证加权网络

当每一对相互作用的蛋白质之间的 FS 值被计算出后,加权的酵母蛋白质网络就能够被构建。为了测试加权网络的生物学意义是否优于非加权网络,MCL,HC-PINs 和 SPICi(能够用于加权网络)三个算法被分别用于从这两种网络中挖掘蛋白质复合物。它们预测出的复合物被用于和已知复合物匹配。

比配分析的结果显示在表 4-2-11 中。如表 4-2-11 所示,从加权网络中预测出的复合物的 F-measure 值比非加权网络中预测出的复合物的 F-measure 值更高。这意味着与非加权网络相比,加权网络提供的复合物质量更高,即加权网络的生物意义更显著。这种比较结果表明,加权网络有效地改善了复合物的预测效果,因而,如果有必要,应该对网络进行加权。另一方面,表 4-2-11 也间接说明,尽管与非加权网络相比,三种算法在加权网络上预测复合物更有效,但是它们预测出的复合物的 F-measure 值仍然低于 CMBI 的 F-measure 值(见表 4-2-3)。

表 4-2-11 加权网络和非加权网络的比较

	加权网络			非加权网络		
	S_n	S_p	F-measure	S_n	S_p	F-measure
MCL	0.37	0.23	0.28	0.45	0.19	0.26
HC-PINs	0.33	0.46	0.38	0.31	0.42	0.36
SPICi	0.32	0.30	0.31	0.31	0.21	0.25

(6) 参数 R 和 T 对 CMBI 算法性能的影响

在本小节中,算法 CMBI 的参数 T 和 R 被分析。分析一个参数的变化情况时,另一个参数的值应该先试着确定。Nepusz 等在合并 ClusterONE 算法识别到的复合物时,用的合并方法与 CMBI 的相同,他们将合并参数 R 设置为 0.8[317]。因此,CMBI 算法的参数 R 也被预先设置为 0.8,再研究参数 T 对 CMBI 算法性能的影响。图 4-2-3 显示了 CMBI 算法在 T 的不同取值下的 F-measure 值。如图 4-2-3 所示,当 $T<1.4$ 时,CMBI 的 F-measure 值随 T 值的增加而增加。根据 CMBI 算法的原理,在这个 T 值区间内,被关键蛋白质种子捕获的蛋白质的数目随 T 值的增加而下降,从而导致每个复合物的尺寸随 T 值的增加而

下降。当 T 值大于 1.8 时,CMBI 的 F-measure 的值为 0.47 并保持不变。这意味着属于某一复合物的蛋白质数目保持不变。在这种情况下,CMBI 实际上没有考虑基因表达信息,但是,即使如此,CMBI 算法的 F-measue 值也比其他算法的 F-measure 更高。这说明,将关键蛋白质信息引入 CMBI 是成功的。同时,当 $1.0 \leqslant T \leqslant 1.8$ 时,图 4-2-3 显示 CMBI 的 F-measure 值都大于 0.47,说明引入基因表达信息之后,CMBI 的性能得到进一步改善。因此,参数 T 在 $[1.2, 1.4]$ 区间上取值比较好。CMBI 的性能在这个区间上基本上没什么变化。

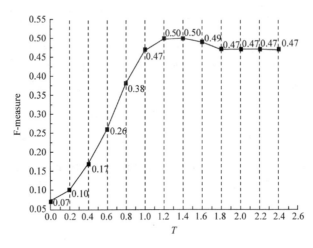

图 4-2-3 阈值 T 的影响

接下来,T 的值被设定为 1.4,以便研究 R 值的变化对 CMBI 性能的影响。图 4-2-4 显示了参数 R 对 CMBI 性能的影响。当 $R \leqslant 0.7$ 时,CMBI 的 F-measure 值随 R 的增加而增加,但是当 R 值超过 0.7 时,CMBI 的 F-measure 值不再增加,保持 0.5 不变。这说明,尽管当 R 大于 0.7 时,CMBI 预测出的复合物数目不断增加,但是,实际上新增加的复合物是高度冗余的,应该被丢弃。当 R 值为 0 时,意味着被预测的复合物之间没有任何重叠,这实际上与已知复合物中存在重叠复合物的事实不符。图 4-2-4 的分析结果说明将 R 值设置为 0.7 是合理的。在 CMBI 中,参数 T 和 R 的值被分别设置为 1.4 和 0.7。

(7) FS 打分技术及关键蛋白质信息的影响

FS 打分方法通过整合基因表达和蛋白质相互作用数据计算相互

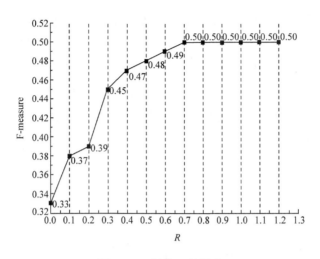

图 4-2-4　阈值 R 的影响

作用的可信度。存在许多其他的方法利用其他的信息计算相互作用的可信度。此处，作者比较了 FS 方法和 Collins 等提出的纯化富集打分方法（purification enrichment，PE）。Collins 使用 PE 方法计算酵母蛋白质网络中每个相互作用的可信度得分并构建了一个加权蛋白质网络。如作者所推荐的那样，作者选择了它们提供的数据集中的前 9074 个相互作用。因而，作者使用的 Collins 数据集包括 9074 个相互作用和 1622 个蛋白质。基于这个数据集，作者用 FS 打分方法重建了一个新的加权网络，然后将 MCL 算法分别在 Collins 加权网络和新构建的加权网络上侦测蛋白质复合物。最后，比较了来自这两个网络的复合物，表 4-2-12 显示了比较的结果。

表 4-2-12　不同打分方法的比较

打分方法	聚类数	被匹配的聚类数	被匹配的复合物	精度	召回率	F-measure
FS	295	183	229	0.62	0.506	0.557
PE	300	182	227	0.607	0.501	0.549

如表 4-2-12 所示，尽管 FS 预测到的复合物数比 PE 预测到的要少，但是 FS 的其他指标都比 PE 的高。这表明 FS 比 PE 更有效。因为 FS 方法不仅使用了蛋白质相互作用数据，还使用了基因表达数据，所

以有必要基于 FS 构建的加权网络比较 CMBI 和其他方法预测复合物的性能。于是,三个算法即 MCL,HC-PINs 和 SPICi 被分别用于该加权网络。这些方法预测出的复合物被用于和已知复合物进行匹配分析,匹配结果显示在图 4-2-5 中。图 4-2-5 显示 CMBI 的 F-measure 值仍然比其他算法的要高。这一事实表明,即使 CMBI 不考虑基因表达数据带来的优势,它仍然比其他算法有效。

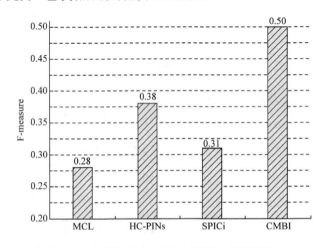

图 4-2-5　各种算法在 FS 加权网络上的预测结果

另一方面,蛋白质-蛋白质相互作用网络包含了一定数量的复合物,这些复合物包含的蛋白质数为 2 或 3,且蛋白质的邻居数很少。当前的算法如 COACH 往往忽略了它们。同时,Kaki 的研究团队分享了两个不同的酵母蛋白质相互作用数据集之后,发现这些复合物中的关键蛋白质的邻居数也很少。因此,依据他们的发现,CMBI 算法通过合理利用关键蛋白质信息,成功地侦测到了这些复合物中的一部分。表 4-2-13 列出了一些 CMBI 算法而不是 COACH 算法预测到的特殊复合物实例。这些复合物由关键蛋白质种子扩展而来,包含了具有很少邻居的蛋白质。表 4-2-13 中第一列和第二列分别代表真实复合物和被预测的复合物,最后一列是它们之间的重叠得分(overlap score,OS)。复合物中的关键蛋白质用粗体字表示。

表 4-2-13 从关键蛋白质种子扩充而来的一些特殊复合物实例

真实复合物	被预测的复合物	OS
CAAX-protein geranylgeranyltransferase complex： **YKL019W YGL155W**	complex **YKL019W YGL155W**	1
NC2 complex： **YDR397C YER159C**	complex **YDR397C YER159C**	1
signal recognition particle receptor complex： **YDR292C YKL154W**	complex **YDR292C YKL154W YBR109C**	0.67
GINS complex： **YDR489W YDR013W YJL072C YOL146W**	complex **YDR489W YDR013W YJL072C**	0.75
Sec61p translocon complex： **YLR378C YDR086C YER087C-B**	complex **YLR378C YDR086C YGR175C**	0.44
Geranylgeranyltransferase II (GGTase II)： **YPR176C YJL031C**	complex **YPR176C YJL031C YOR370C**	0.67
RNA polymerase I transcription factor complex： **YBL014C YJL025W YML043C**	complex **YBL014C YJL025W YMR270C**	0.44

(8) 数据集上的结果

作者也在 Stark 数据集上执行了 CMBI 和其他算法。Stark 数据集包含 5640 个蛋白质和 59748 个蛋白质相互作用。每个算法执行后的 F-measure 值显示在图 4-2-6 中。图 4-2-6 显示 CMBI 和 ClusterONE 有相同的 F-measure 值 0.49，比 COACH, HC-PINs, SPICi, MCODE 和

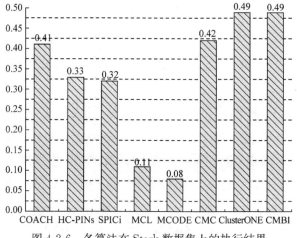

图 4-2-6 各算法在 Stark 数据集上的执行结果

CMC 等算法分别高 19.5%，48.5%，53.1%，512.5% 和 16.7%。图 4-2-6 的结果证明，CMBI 算法能有效运行在大规模网络上。另外，作者也计算了 CMBI 和 ClusterONE 预测到的复合物的 P-score 值。CMBI 的 P-score 为 16.84，而 ClusterONE 的为 9.96。这表明与 ClusterONE 相比，CMBI 预测的复合物的生物意义更显著。

4.3 蛋白质复合物挖掘算法 ClusterBFS

4.3.1 算法描述

（1）预备知识

对于给定加权网络，ClusterBFS 算法的目的是输出一组有交集的稠密子图。作者将网络建模为无向图 $G=(V,E)$，其中 V 是结点（蛋白质）集合，E 是加权边（相互作用）的集合。每条边 $(u,v)\in E$ 的可信度得分（权值 $<w_{u,v}<1$。ClusterBFS 算法需要使用一个新术语即子图加权密度。

对每个结点集合 $S\subset V$，作者定义它的加权密度为结点集合 S 中结点之间的所有边的权值之和除以结点之间可能的边的总和（加权密度能够测量导出子图与团（clique）的密切程度），即

$$D_w(S) = \frac{\sum_{u,v\in S} w_{u,v}}{|S|\times(|S|-1)/2} \tag{4-3-1}$$

其中，$w_{u,v}$ 指结点 u 和 v 之间的权值，$|S|$ 指图 S 中的结点数。

（2）算法概览

作者设计了一种增强的广度优先遍历方法在加权蛋白质相互作用网络中预测蛋白质复合物。ClusterBFS 每次产生一个聚类，每个聚类扩展自一个种子结点（蛋白质）。在构建聚类的过程中，如果没有被聚类的结点加入聚类后，聚类的加权密度大于被定义的阈值，则聚类继续扩充，否则输出该聚类。对于产生的所有聚类还要进行必要的去重，去重方法与 CMBI 算法的复合物冗余控制方法相同。因此，ClusterBFS

具有两个参数：T_d（子图加权密度的阈值），R（复合物冗余控制阈值）。图 4-3-1 用一个简单的实例描述了 ClusterBFS 算法产生一个复合物的过程。这个例子网络包含 12 个结点（蛋白质），每条边（蛋白质之间的相互作用）上都标明了可信度（权值），权值取值范围在 0 到 1 之间。假设子图加权密度的阈值 $T_d=0.2$，选择结点 0 为种子，结点 0 为子图（复合物）C 的第一个元素。结点 0 的邻居中结点 1 的边权值最大，将结点 1 加入子图，即 $C=\{0,1\}$，经计算得到 C 的加权密度为 0.75，大于给定阈值 0.2；继续将结点 2 加入子图，即 $C=\{0,1,2\}$，发现 C 的加权密度为 0.50，仍然大于给定阈值 0.2；于是分别判断种子 0 的其他邻居结点 3,4,5 并作相应的处理，此时子图 $C=\{0,1,2,3,4,5\}$ 的加权密度为 0.23，大于阈值 0.2；则继续检查结点 4 的邻居，在结点 4 的邻居中，结点 6 的边权值最大，将结点 6 加入子图，即 $C=\{0,1,2,3,4,5,6\}$，此时 C 的加权密度为 0.19，小于阈值 0.2，因此将结点 6 从 C 中删除，并输出复合物 C。图中带阴影的结点构成的子图即 ClusterBFS 算法从 PPI 网络中挖掘出来的复合物。

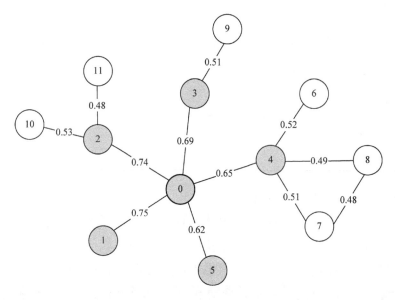

图 4-3-1　ClusterBFS 算法生成复合物示意图

(3) 算法详细描述

• 种子选择

PPI 网络中的每个结点(蛋白质)都是种子,每个种子在选择时同等重要并没有先后之分。

• 聚类构造

从种子 v 出发,按增强的广度优先搜索方法遍历加权 PPI 网络,生成复合物 C,同时将种子 v 从加权网络的种子集合 V 中删除。再选其他种子,按同样的方法构建其他复合物。最后对生成的所有复合物执行冗余控制程序,去掉与更大的复合物高度重叠的复合物。具体过程见表 4-3-1,其中 Algorithm 1 是伪代码。

表 4-3-1 聚类构造过程

```
Algorithm 1:ClusterBFS algorithm
Input:
    weighted PPI network G=(V,Ew);
    weighted density threshold Td;
    overlap score threshold R;
Output:
    set of protein complexes SC discovered from G;
Description:
(1) SC=∅;//initialization
(2) for each vertex v∈V do
(3)     construct the complex,C=BFS(G,v);//Dw(C)>Td
(4)     V=V-{v};
(5)     Redundancy-filtering(C);
```

• 改进的广度优先搜索方法

种子 v 的所有邻居按照其边权值的大小降序排列,先将排在最前面的邻居 u 和种子 v 一起构成聚类 $C=\{v,u\}$,如果 $D_w(C)<T_d$,将 u 从 C 中删除。遍历 v 的其他邻居作同样处理。种子 v 的邻居被处理完(加入或不加入 C)之后,接下来对种子的每个邻居迭代执行同样的过程。最终生成复合物 C。具体过程见表 4-3-2,其中 Algorithm 2 是伪代码。

表 4-3-2　改进的广度优先搜索方法

```
Algorithm 2: Breadth First Search: BFS(G,V).
(1) results=v;
(2) create a queue Q;
(3) Q={v_i|v_i∈V∩dis(v,v_i)=1};
(4) while Q is not empty:
(5) begin
(6)    Q.degueue()→t;
(7)    results=results∪{t};
(8)    if D_w(results)≤T_d;
(9)      results=results-{t};
(10)   else
(11)     Q=Q∪{v_i|v_i∈V∩dis(t,v_i)=1}
(12) end;
(13) return results
```

- 冗余控制

由于 V 中的每个结点都充当了种子,并扩充为复合物,因此这些复合物不可避免地相互重叠,有时这种重叠导致两个复合物在生物功能上几乎没什么差别,对于这种冗余需要合理的控制。作者先删除了只含有一个蛋白质的复合物,然后采用与 CMBI 相同的冗余复合物消除方法,丢弃高度重叠的复合物。如表 4-3-3 所示,Algorithm 3 的伪代码显示了冗余控制的具体过程。对于复合物集合 SC 中复合物 B,搜索与 B 最相似的复合物 C,如果 B 和 C 的重叠率小于给定阈值 R,则两个复合物都保留,否则,如果 C 的尺寸(包含的蛋白质数目)比 B 大,则将 C 替换 B,若 C 不比 B 大,则丢弃复合物 C。

表 4-3-3　复合物冗余控制

```
Algorithm 3: Redundancy-filtering (C).
(1) B=arg max OS(G',C),G'∈SC;
//B is C's most similar subgraph in SC;
(2) if OS(B,C)<R do
(3)    insert C into SC(Inserting)
(4) else
```

续表

Algorithm 3: Redundancy-filtering (C).
(5)　　if $|V_C| \geqslant |V_B|$ do
(6)　　insert C into SC in place of B(Substituting)
(7)　　else
(8)　　discard C (Discarding)

4.3.2　结果和讨论

(1) 数据集

作者使用两个高可靠性的加权酵母蛋白质相互作用网络测试ClusterBFS算法。一个来自Collins的研究团队，称为Collins数据集[344]。Collins等使用纯化富集(purification enrichment)技术计算了酵母PPI网络中边的权值，构建了一个加权网络。正如他们所推荐的，作者选择了得分靠前的9074条相互作用组成网络。这些相互作用中的大部分具有很高的可信度得分。因此，本实验中使用的Collins数据集包含了1622个蛋白质和9074条相互作用。另一个数据集来自Krogan的研究团队，称为Krogan数据集[345]。为可靠起见，本实验仅选择了Krogan的核心数据集，它包括高度可信的7123条相互作用和2708个蛋白质。为了评价预测到的复合物的质量，作者使用了一个真实复合物集合CYC2008作为参考[346]，其中包括了408个蛋白质数至少为2的真实复合物。

(2) 评价方法

·匹配评价方法

在匹配分析中，作者使用四个独立的评价指标通过评估算法识别的聚类(对应被预测复合物)集合和真实复合物集合之间的相似性，目的是评估被预测的复合物的质量。第一个评价指标是重叠得分ω，两个复合物A和B的ω定义如下[347]：

$$\omega(A,B) = \frac{|A \cap B|^2}{|A||B|} \qquad (4\text{-}3\text{-}2)$$

进行匹配分析时ω的阈值设定为0.2。第二个评价指标是灵敏度

(sensitivity, S_n)和阳性预测值(positive predictive value, PPV)的调和平均值(F-measure)。灵敏度和阳性预测值是基于复合物的混合矩阵 $T=[t_{ij}]$ 建立起来的。假设有 n 个复合物和 m 个聚类，t_{ij} 指在复合物 i 及聚类 j 中发现的蛋白质数目，n_i 指复合物 i 中的蛋白质数。则灵敏度和阳性预测值分别定义如下：

$$S_n = \frac{\sum_{i}^{n} \max_{j=1,\cdots,m} t_{ij}}{\sum_{i=1}^{n} n_i} \tag{4-3-3}$$

$$PPV = \frac{\sum_{j=1}^{m} \max_{i=1,\cdots,n} t_{ij}}{\sum_{j=1}^{m} \sum_{i=1}^{n} t_{ij}} \tag{4-3-4}$$

由于灵敏度可能因将每个蛋白质放在同一个聚类中而被抬高，以及 PPV 可能因为将每个蛋白质划分为一个聚类而最大化，所以有必要引入调和平均值 F-measure 以平衡 S_n 和 PPV。F-measure 定义为

$$\text{F-measure} = \frac{2 \times S_n \times PPV}{S_n + PPV} \tag{4-3-5}$$

第三个评价指标是最大匹配率(maximal matching ratio, MMR)。最大匹配率最大化聚类和复合物之间的一对一匹配。之所以使用这个指标，是因为如果聚类集合中存在大量的重叠复合物，其 PPV 往往更低，这实际上将使挖掘重叠聚类的算法在被评价时处于不利地位。以下将详细描述 PPV 带来的影响。

如果真实复合物 i 中的一些蛋白质出现在多个被预测的复合物中或者没有出现在任何复合物中，则 PPV 的值可能产生误导。在这种情况下，n_i 不等于混合矩阵 T 中第 i 行元素的总和。一般而言，n_i 可能大于、小于或等于第 i 行元素的和。现在作者用 t_{i*} 表示第 i 行元素的和。考虑这样一种情况，即真实复合物集合和被预测的复合物集合相同，此时，对每个 i 有 $t_{ii}=n_i$，但是，在 T 中可能有其他的非 0 元素，因为当复合物 i 和 j 部分重叠时，$t_{ij}>0$。然而，这些非 0 的元素可能从没有超过 t_{ii}，意味着就一切情况而论，有 $\max_{j=1,\cdots,m} t_{ij} = \max_{i=1,\cdots,n} t_{ij} = n_i$。那么 S_n 和 PPV

的值如下：

$$S_n = \frac{\sum_{i=1}^{n} n_i}{\sum_{i=1}^{n} n_i} = 1 \qquad (4\text{-}3\text{-}6)$$

$$PPV = \frac{\sum_{i=1}^{n} n_i}{\sum_{i=1}^{n} t_{i^*}} \leqslant 1 \qquad (4\text{-}3\text{-}7)$$

与将每个蛋白质放在不同的聚类中的虚拟算法相比，从 PPI 数据集中预测了全部真实复合物的完美的聚类算法在评估时可能具有更低的 PPV。实际上，假定作者有 k 个蛋白质，蛋白质 j 是复合物 c_j 的一个成员，虚拟算法的 PPV 值为

$$PPV = \frac{k}{\sum_{j=1}^{k} c_j} = 1 \qquad (4\text{-}3\text{-}8)$$

最后，作者想指出最大匹配率和 F-measure 之间的根本区别。F-measure 明显地不利于没有匹配任何真实复合物的聚类。但是作为标准的真实复合物集合往往是不完整的[348]。这样，没有匹配任何真实复合物的聚类可能会展现高度的功能相似性或共定位特性，因而，它们仍然可能是进一步深入分析的候选对象。换句话说，这种复合物不一定没有生物学意义，但 F-measure 指标由于不考虑这种复合物，所以可能妨碍人们从 PPI 数据集中侦测新的复合物。最大匹配率通过将最大匹配的总权值除以真实复合物的数目避免了这个问题。

图 4-3-2 显示了复合物和聚类之间最大匹配率的计算过程，图中 $R1$ 和 $R2$ 是真实复合物集合中的两个复合物，$P1$，$P2$ 和 $P3$ 聚类集合中的三个被预测的复合物。如果复合物和聚类之间的重叠得分大于 0，则在它们之间画一条连线。加粗的连线表示最大匹配。$R1$ 的最大匹配对象不是 $P2$ 而是 $P1$，因为它与 $P1$ 的匹配得分是 0.8 大于与 $P1$ 的匹配得分 0.45。类似地，$R2$ 的最大匹配对象是 $P3$。在这个例子中，最大匹配率为 $(0.8+0.75)/2=0.775$。

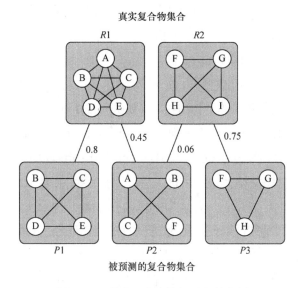

图 4-3-2 最大匹配率执行过程的实例

- 生物相关性评价方法

由于作为匹配标准的真实复合物集合是不完整的[348]，那么就算被预测的复合物集合中有些复合物没有匹配标准集合中的任何复合物，它们仍然可能是有效的，而且是以前没有被特征化的复合物。有鉴于此，仅用基于标准复合物集合进行的匹配分析以评估被预测复合物的质量是不够的，还需要基于构成复合物的蛋白质的共定位（co-localization）或功能同源（functional homogeneity）信息进一步分析聚类的生物相关性。当复合物的成分出现在相同的细胞隔间（cellular compartment）中时，意味着复合物形成了[349]，而且蛋白质复合物往往也负责某一生物功能或分子过程。

基于预先划分的位置范畴，共定位得分[350]量化了蛋白质复合物或复合物集合中蛋白质属于同一细胞隔间的程度。单个复合物的共定位得分仅仅是复合物中出现在同一位置的蛋白质的最大得分。复合物集合的共定位得分是集合中所有复合物的共定位得分的平均值。如果取得了某物种的蛋白质的定位数据，人们能使用这些信息评估预测到的复合物的位置一致性。在本章的实验中，作者使用了 Huh 等[351]提供的酵母的定位分类数据集。

共定位指标适合扁平的(非层次的)位置注释,但是不适合用于生物过程或分子功能中的相似性分析。生物过程用类似于基因本体的层次分类方案描述。基因本体联盟(Gene Ontology Consortium)提供了一个结构化的标准词汇表[352],该表描述了基因产物的生物功能。GO被划分为三个正交的本体:生物过程(biological process,BP)、分子功能(molecular function,MF)和细胞组分(cellular component,CC)。这三种本体用有向无环图表示(directed acyclic graphs,DAG),其中,结点代表GO术语,边代表结点之间的关系。每个结点有几个父亲或孩子。结点之间存在两类关系:一类是"is-a",它指孩子是父母的一个子类;另一类是"part-of",它指孩子是父母的一个组成部分。GO术语广泛用于注释基因及其产物[353]。如果基因产物(如蛋白质)具有可比较的分子功能且涉及相似的生物过程,那么它们的功能是相似的。GO注释捕获了基因产物的有效功能信息,人们能以GO注释为基础,定义基因产物之间功能相似性的指标。Schlicker 等[354]基于GO提出了一种基因产物的功能相似性衡量方法。具体而言,它们提出了一中蛋白质打分方法,并用该方法建立了一个包含功能关系的打分网络,然后将网络用于计算被预测复合物集合中的复合物之间的平均得分,如果GO注释信息是正确的,那么得分越高说明复合物的生物意义越显著。本章将用这种GO相似性衡量方法进行共注释(co-annotation)分析,评估被预测复合物的生物相关性。

(3) 评估结果

作者分别在Collins和Krogan两个数据集上测试了ClusterBFS和其他五个方法的性能。这五个方法是MCL[356],ClusterONE[357],HC-PINs[358],SPICi[359]和MCODE。通过匹配分析和生物相关性分析,评价了这些方法预测出的复合物的质量。匹配分析的评估指标包括S_n,PPV,F-measure和MMR。生物相关性分析的评估指标包括co-localization和co-annotation。

• 在Collins数据集上比较预测的复合物和真实的复合物

表4-3-4显示了在不同匹配率范围内被各算法预测出的复合物匹配上的真实复合物的数目。例如,当重叠率OS≥0.2时,ClusterBFS预

测的复合物匹配了 269 个真实的复合物。表中 OS≥0 时实际指的是真实复合物集合中的复合物总数,因为此时,预测复合物和真实复合物之间不需要有任何共同的蛋白质。在各个区间上匹配的真实复合物的数目越多,意味着算法预测出的复合物越有效。从表 4-3-4 可以看出,ClusterBFS 挖掘到复合物在所有区间上匹配的真实复合物数目远多于其他方法。

表 4-3-4　被匹配的真实复合物数目

	ClusterBFS	MCL	ClusterONE	HC-PINs	SPICi	MCODE
OS≥0.0	408	408	408	408	408	408
OS≥0.1	298	256	195	244	176	142
OS≥0.2	269	227	164	209	142	113
OS≥0.3	239	196	149	185	129	103
OS≥0.4	224	181	137	171	117	92
OS≥0.5	206	159	111	150	104	82
OS≥0.6	181	145	96	136	88	70
OS≥0.7	133	109	73	100	68	54
OS≥0.8	115	94	52	87	53	42
OS≥0.9	102	77	38	75	39	34
OS≥1.0	102	74	33	70	33	30

表 4-3-5 显示了在不同匹配率范围内被真实复合物匹配上各个算法预测出的复合物的数目。例如当 OS≥0.2 时,ClusterBFS 预测的复合物中有 829 个匹配上了已知的真实复合物。当 OS≥0 时,实际指的是各算法预测的复合物的总数。同样地,在各匹配区间上与真实复合物匹配的被预测复合数量越多,则表示算法挖掘到的复合物的质量越高。表 4-3-5 显示,与其他算法相比,ClusterBFS 挖掘到的且能被真实复合物匹配的复合物数目最多。另外,当 OS≥1 时,表示预测的复合物和真实的复合物完全重合,此时,ClusterBFS 准确地预测到了 102 个真实的复合物,远比其他算法预测的要多,到了考虑到 408 个真实复合物中有超过一半(259 个)只包含 2 个或 3 个蛋白质,这些复合物只有被完全匹配才能充分显示算法对小尺寸复合物的有效性,实际上 ClusterBFS 预测到的 102 个真实复合物中有 78 个复合物的尺寸为 2 或者

3。这说明了 ClusterBFS 算法在小尺寸复合物预测方面的优势。

表 4-3-5 被匹配的预测复合物数目

	ClusterBFS	MCL	ClusterONE	HC-PINs	SPICi	MCODE
OS≥0.0	1229	300	203	281	156	111
OS≥0.1	829	199	148	187	123	98
OS≥0.2	697	182	131	170	114	91
OS≥0.3	571	169	123	159	111	88
OS≥0.4	496	161	116	150	107	81
OS≥0.5	398	146	98	139	95	74
OS≥0.6	287	135	87	129	83	64
OS≥0.7	177	106	69	97	65	52
OS≥0.8	128	93	51	86	51	42
OS≥0.9	102	77	38	75	39	34
OS≥1.0	102	74	33	70	33	30

为了更深入地检验被预测复合物与真实复合物的匹配程度,作者计算了它们之间的 S_n(也称 recall)、PPV(也称 precision)和 F-measure。F-measure 值越高说明算法的综合性能越高。图 4-3-3 显示 ClusterBFS 的 F-measure 值比其他算法的都高,说明 ClusterBFS 算法的精度比其他算法要高。各算法的最大匹配率也被计算并显示在图 4-3-3 中,同样地,ClusterBFS 的 MMR 值远高于其他算法。说明 ClusterBFS 预测出的复合物与真实复合物密切相关。

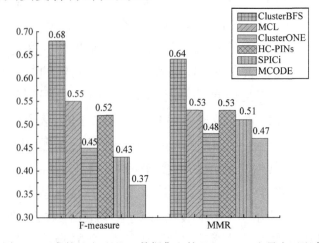

图 4-3-3 各算法在 Collins 数据集上的 F-measure 和最大匹配率

- 在 Collins 数据集上分析复合物的生物相关性

ClusterBFS 算法从 Collins 数据集中总共预测到了 1229 个复合物,如表 4-3-5 所示,当 OS≥0.1 时,只有 829 个复合物匹配上了真实复合物,这说明有 400 个被预测的复合物没有匹配任何真实的复合物。但是,正如作者在"匹配评价方法"一节中所描述的原因一样,这些复合物仍可能是有价值的,只是从前没有被找到而已。因此,本节作者用 co-annotation 和 co-localization 两个指标来进一步评估被预测复合物的生物相关性。图 4-3-4 显示了各算法的 co-annotation 和 co-localization 值。从图 4-3-4 可以发现,ClusterBFS 算法预测出的复合物的生物功能 co-annotation 比其他算法的都高,意味着它挖掘的复合物的生物意义最显著。同时,ClusterBFS 的复合物的共定位值仅次于 SPICi,高于其他三个算法,但是,SPICi 只能预测不重叠的复合物,因此,就生物相关性而言,ClusterBFS 仍然是优胜者。

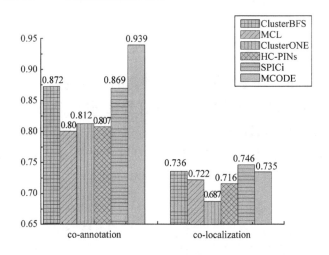

图 4-3-4 各算法的 co-localization 和 co-annotation 比较

- 在 Collins 数据集上,参数 T_d 对算法的影响

ClusterBFS 算法使用了一个参数 T_d 控制算法的进程以及挖掘的加权子图(复合物)的加权密度大小,该参数值的大小对算法有一定的影响。图 4-3-5 显示了当参数值变化时,算法的 F-measure 值的变化情况。从曲线可以看出,当阈值取值范围在 0.01 到 0.22 之间时,F-measure 的值都大于 0.6,比其他算法的 F-measure 值都要高。同时,图 4-3-5 也显示,

ClusterBFS算法在 T_d 的阈值区间[0.09,0.11]上取得最佳值。这也表明只要参数的值保持在某一个范围,ClusterBFS几乎很少受 T_d 的某个具体值的影响。在本实验中,ClusterBFS算法的 T_d 参数取值为0.1。

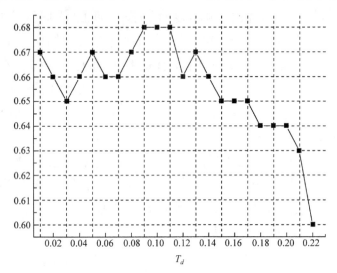

图 4-3-5　参数 T_d 对算法 ClusterBFS 的影响

- 在 Krogan-core 数据集上比较预测的复合物和真实的复合物

为了检验算法在不同数据集上的有效性,作者也在 Krogan-core 数据集上执行了 ClusterBFS 算法。图 4-3-6 显示了每种方法的 F-measure 和 MMR,图上的数据显示 ClusterBFS 仍然优于其他方法。

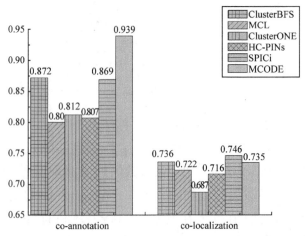

图 4-3-6　各算法在 Krogan-core 数据集上的 F-measure 和最大匹配率

4.4 本章总结

蛋白质复合物对理解细胞的组织和功能是非常重要的。因而,在基因组时代,最大的挑战之一是从生物网络中识别蛋白质复合物。生物技术的发展,导致大量的蛋白质相互作用数据被产生。相应地,许多研究者专注于从蛋白质网络中识别复合物。过去十多年,人们设计了许多聚类方法,从蛋白质网络中挖掘复合物。然而,蛋白质相互作用数据中存在的假阳性率和假阴性率,降低了这些仅仅基于蛋白质网络的预测方法的性能。最近,少数研究者已经组合蛋白质相互作用数据和基因表达数据以预测蛋白质复合物。

本研究整合关键蛋白质信息、基因表达谱和蛋白质相互作用数据设计了一种新的蛋白质复合物挖掘算法 CMBI。CMBI 从种子蛋白质开始扩充其为蛋白质复合物核,再继续扩充复合物核以形成蛋白质复合物。具体而言,CMBI 首先选择关键蛋白质作为种子,根据种子的邻居的基因表达信息和关键蛋白质信息构建复合物核,进而,用类似的方式形成复合物。除了关键蛋白质之外,CMBI 还选择剩下的其他蛋白质作为种子,以图的密度作为条件扩充复合物核,进而构建复合物。为了验证 CMBI 算法从蛋白质网络中识别出来的聚类和真实的复合物之间的相关性,匹配评价方法和 GO 功能富集分析方法被执行。本章不仅给出了评价分析的统计结果,还列出了一些具体的复合物实例。评价分析的结果表明,与其他方法相比,CMBI 具有如下优势。第一,CMBI 与现存的方法有本质的不同。CMBI 通过引入基因表达信息,有效地降低了蛋白质相互作用数据的假阳性率和假阴性率对预测结果产生的负面影响。另外,关键蛋白质信息的导入,有助于 CMBI 识别具有强生物学意义的复合物。第二,CMBI 的 F-measure 值高于其他方法。这意味着,CMBI 预测的复合物与已知的复合物匹配得较好。最后,GO 分析的结果表明 CMBI 预测到了高质量的复合物,且预测的精度较高。除此之外,CMBI 也预测到了许多具有很低 P 值的蛋白质复合物,尽管它们没有匹配已知复合物集合中的任何复合物,但是,它们可能是真实的复合物,从而给生物学家提供了有益的参考。

因为整合多源生物数据,在预测蛋白质复合物中展现了很大的优势,未来的研究将继续沿着这种思路,设计新的功能模块(包含一个或多个复合物)识别算法。

ClusterBFS算法以网络中任意选取的蛋白质为种子,并以加权密度为条件,广度优先搜索加权网络,聚类蛋白质复合物。为了评估生成的复合物的质量,在匹配分析中,除了使用常规的评估指标如灵敏度S_n、假阳性预测值PPV和F-measure之外,作者还引入了最新的匹配评估指标最大匹配率(MMR)。匹配分析的结果表明预测到的复合物能与真实的复合物良好匹配,各种评估指标都高于其他类似的算法。尤其是ClusterBFS产生的复合物完美匹配的真实的小尺寸复合物数目远多于其他算法产生的相应复合物数。另外,作者也使用co-localization和co-annotation分析了各算法预测到的复合物的生物相关性。结果表明ClusterBFS预测到的复合物的生物意义最显著。

第5章 基于蛋白质网络的疾病基因研究

5.1 研究背景

糖尿病是一组代谢疾病。2014年,全世界9%的成年人患有糖尿病。2012年,糖尿病直接导致了150万人死亡。据报道,到2030年,糖尿病将成为世界第七大致命疾病(以上统计数据来自网址 http://www.who.int/diabetes/en)。美国2012年用于糖尿病的医疗开支达到2450亿美元,其中1760亿美元用于直接的医疗开支,690亿美元用于生产率的降低(http://www.diabetes.org)。因而,糖尿病日益成为公众重点关注的主要疾病。

糖尿病患者自身不能调控体内血液中的含糖量[360]。患者的胰腺要么不能产生足够的胰岛素,要么不能正确使用胰岛素,或者二者兼具。胰岛素在血液的流动中和血液里的葡萄糖一起工作,帮助葡萄糖进入身体细胞并燃烧它产生能量。如果胰岛素不能合适地起作用,葡萄糖将无法进入细胞,导致血液中葡萄糖含量升高,超过正常水平,产生糖尿病,而身体细胞却得不到燃料。

主要有三种形式的糖尿病:1型糖尿病、2型糖尿病和妊娠糖尿病。1型糖尿病(正式名称为胰岛素依赖症)的出现是由于产生胰岛素的胰腺细胞被损坏,身体不再产生胰岛素或者产生的胰岛素太少无法调节血液中葡萄糖的含量[361]。1型糖尿病患者必须定期注射胰岛素以控制血液中葡萄糖的含量。2型糖尿病(正式名称非胰岛素依赖症)中的高血糖是由克服胰岛素耐受性的胰岛素分泌物的缺乏所导致[362]。肝胰岛素耐受性导致身体不能抑制肝葡萄糖的产量,外围胰岛素耐受性损害了外围葡萄糖的吸收。二者的共同作用导致快速的餐后多糖症。世界卫生组织指出世界上90%的糖尿病患者是2型糖尿病。过去30年以来,在各种收入的国家,2 型糖尿病的发病率戏剧性地上升(http://www.who.int/diabetes/en/)。妊娠糖尿病定义为怀孕期间一开始就被确认的任意程度的葡萄糖耐受不良症[363]。妊娠糖尿病女患者在怀孕期间和分娩时有出现并发症的高风险。

  从遗传学角度看,有一些不常见的导致糖尿病的原因来自确定无误的胰岛素行为异常。与胰岛素受体变异相关的代谢异常的范围包括从高胰岛素血症到适度多糖症到有症状的糖尿病[364-366]。例如,HLA-DQA1,HLA-DQB1 和 HLA-DRB1 等基因的某种变异将增加患 1 型糖尿病的风险。这些基因提供制造蛋白质的指令,这些蛋白质在免疫系统中起重要作用[367-369]。因为蛋白质受大部分疾病相关的变异影响并最终行使生物功能,因此预测疾病相关的蛋白质对理解糖尿病发展的机制非常重要。

  能够侵入或扩散到身体其他部位的恶性细胞的增长导致直结肠癌的产生。世界卫生组织和美国疾病控制中心指出直结肠癌是世界第二大癌症,仅次于肺癌。增加信号活跃性的 WNT 信号通路中的变异导致了源自肠胃道的直肠或结肠上皮细胞内衬的直结肠癌[370,371]。许多变异基因被发现,例如,APC 基因编码的 APC 蛋白质阻止了 β 连环蛋白质的积累。当 APC 基因不能工作时,β 连环蛋白质将积累到很高水平并进入细胞核绑定到 DNA,激活原癌基因的转录[372]。TP53 基因正常监控细胞的分裂杀并死具有 WNT 通路缺陷的细胞,如果它发生变异,将导致细胞队列从良性上皮肿瘤转化为侵入型上皮细胞癌[372]。乳腺癌是一种恶性肿瘤。它由负责调控乳房中细胞生长的基因变异所导致。例如,Rb1cc1 基因中的变异与乳腺肿瘤的发生密切相关[373]。研究证实 Pik3ca 基因的变异出现在乳腺癌中的频率很高[374]。

  基因之所以被定义为致病基因是因为基因的正常功能中出现了致病畸变。在当前的生物学中,从影响疾病表型或复杂生物过程的基因组内数以千计的基因中识别致病基因是一个重大而且极具挑战性的问题[375]。起初,一些生物实验方法像 DNA 筛选、早期临床诊疗、基因组测序和药物发展等被用于应对这种挑战[376]。然而,实验方法涉及手工过滤大量并不与疾病真正相关的候选基因,通常代价很大也很耗时,而且经常不可能通过检查区间内的基因清单识别出正确的疾病基因。因而,自动优选所有候选基因以确定大部分有希望的候选基因是必要的。在这种情况下,计算机方法成为该研究领域的重要进步。它能够帮助生物学家获得线索,即哪些基因值得在生物环境中进一步通过实验验证,从而时间不会被浪费到与特定疾病无关的基因上。许多计算机方法已经被提出并用于排序和识别最可能的疾病相关基因,这些方法基于各种生物学数据,例如基因表达谱[377,378]、功能注释信息[378-381]和基于序列的特征数据[382]。

随着高通量技术的发展,不同类型的生物学网络如蛋白质-蛋白质相互作用网络、基因调控网络、代谢网络等被构建。通过分析这些网络,研究人员发现疾病和人类蛋白质-蛋白质相互作用网络密切相关。这种宝贵的数据以网络环境的方式提供了功能信息[383]。另外,与具体疾病表型或相似疾病表型有关的疾病往往位于蛋白质-蛋白质相互作用网络的特定临近区域[384]。在2006年,研究指出利用蛋白质-蛋白质相互作用数据能够极大提高寻找位置候选疾病基因的可能性。如果大规模应用,能预测新的候选疾病基因[385]。于是,过去10多年以来,蛋白质-蛋白质相互作用网络在优选疾病候选基因研究领域获得了日益广泛的关注。各种基于蛋白质-蛋白质相互作用网络的优选算法被提出[386]。Kohler等发现基于直接相互作用的全局网络相似性度量有利于捕获致病蛋白质之间的关系。因而,他们使用全局网络距离度量和随机游走分析侦测疾病基因[387]。在Erten等的论文中,他们提出的DADA算法基于几种统计调整策略优选疾病候选基因[388]。这些计算机方法优选疾病候选基因是基于一个原则,即与相似疾病有关的蛋白质往往位于蛋白质-蛋白质相互作用网络的特定邻居区域中[389-391]。不过,高通量实验技术产生的蛋白质-蛋白质相互作用网络的不完整性和存在的噪声对致病基因预测方法有负面影响[392]。蛋白质-蛋白质相互作用网络中的假阳性率和假阴性率严重影响了基于局部或全局网络信息识别致病基因的算法的精度。为了改进排序算法的精度,各种不同来源的生物学数据像基因表达谱、蛋白质结构域描述等被结合到蛋白质-蛋白质相互作用网络中。Guan等[393]组合不同类型遗传性和功能性基因组数据构建了基因组范围内的功能网络。他们基于该网络识别了新的致病基因。Wu 等[394]发现整合基因表达谱和蛋白质-蛋白质相互作用网络排序疾病候选基因是一种有前途的算法。因而,他们结合这两种数据构建了加权蛋白质-蛋白质相互作用网络并提出了一种算法识别与癌症相关的基因。在 ToppGene 工具套件中,广泛应用于社交网络的技术被用于侦测疾病候选基因[395]。Li 等[396]观察到基因本体论的功能相似性有助于识别致病基因。受这一发现的激励,他们将功能相似性信息结合到蛋白质-蛋白质相互作用网络中,并利用最近邻居扩展算法创建了心机症特异性蛋白质-蛋白质相互作用网络并排序了新网络中的蛋白质。来自 Peng 等的研究显示[397],蛋白质亚细胞位置信息能够明显改善蛋白质-蛋白质网络的可靠性,于是几种融合这两种数据的致病基因识别算法被提出[398,399]。

在本章的前半部分,作者提出了一种算法,即 PDMG(predicting diabetes mellitus genes)算法。PDMG 算法通过整合亚细胞位置信息和蛋白质-蛋白质相互作用数据排序候选糖尿病基因。首先,从 OMIM(online mendelian inheritance in man)数据库中筛选出 2 型糖尿病基因编码的蛋白质作为种子。由于 OMIM 数据库中其他类型的糖尿病基因比较少,所以作者只选择了 2 型糖尿病。人类相互作用网络中所有种子蛋白质及其邻居构成了 2 型糖尿病特异性网络。然后,蛋白质亚细胞位置信息被整合到特异性网络中,加权网络被构建。接下来,作者计算了加权网络中每个蛋白质的得分并按照降序排列了这些蛋白质。最后,作者研讨了最靠前的 27 各候选蛋白质。

在本章的后半部分,作者提出了另一种致病基因识别算法,即 IMIDG(iteration method for identifying the disease genes)。IMIDG 算法从构建加权网络开始,通过设计简洁的数学模型,利用蛋白质的亚细胞位置数据准确衡量相互作用的蛋白质之间的强弱关系,然后构建邻接矩阵和初始向量并设计一个迭代函数从网络的全局范围内给候选疾病基因打分。在测试 IMIDG 算法性能的实验中,已知的直结肠癌致病基因、蛋白质亚细胞位置信息和人类蛋白质-蛋白质相互作用网络作为输入数据,留一法交叉验证(leave-one-out crossing validation,LOOCV)和文献研究法作为评价方法,测试结果表明 IMIDG 算法优于同类的 DADA 和 ToppNet 算法。

5.2 疾病基因识别算法 PDMG

5.2.1 算法描述

本小节详细介绍了 PDMG 算法(见图 5-2-1)。作者首先描述了基本基因排序的问题。然后,阐述基于已知基本基因或蛋白质构建基本特异性网络的方法。另外,介绍了亚细胞位置和蛋白质-蛋白质相互作用数据的整合技术。最后,作者讨论了蛋白质加权网络如何用于排序候选糖尿病基因或蛋白质。

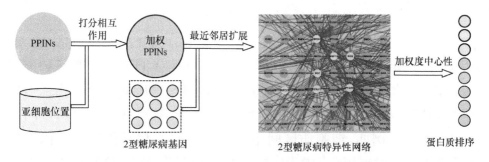

图 5-2-1 FDMG 算法排序疾病优候选蛋白质的工作流程

首先,亚细胞位置信息被融入蛋白质-蛋白质相互作用网络,产生加权蛋白质-蛋白质相互作用网络;然后,从 OMIM 数据库中筛选出 2 型糖尿病相关的已知疾病基因,这些基因充当种子并通过最近邻居扩展法构建 2 型糖尿病特异性网络,网络中每个蛋白质的得分由加权度中心性方法(WDC)计算出;最后,按得分降序排列的候选蛋白质列表中,排序靠前的蛋白质被视为潜在的疾病蛋白质

(1) 疾病基因排序问题

排序构成复杂疾病基础的基因的问题可以转化为次序优化问题,该问题的目标是给候选基因打分,然后根据得分给基因排序。打分的方法可以依据 GBA 原则,该原则假定一组具有相似属性的基因导致了疾病的发生[400]。利用这一原则,人们能收集一组定义良好的种子基因,计算每一个候选基因到种子基因的距离,然后按照得分排序候选基因[378,401]。假设 D 表示某种疾病,S 表示与疾病 D 相关的种子基因的

集合，C 表示可能与疾病 D 相关的候选基因的集合。S 和 C 构成了疾病基因优化排序问题的输入数据。优化排序的目标是基于某种潜在的疾病 D 的相关性排序 C 中基因。基于这一目标，一组已知与疾病 D 相关的基因首先被使用。为了获取集合 C 中的基因和集合 S 中基因之间的相互关系，基于网络的优先排序算法需要利用人类蛋白质之间的已知相互作用关系构成的网络。人类相互作用网络可以用图的公式表示为 $G=(V,E,w)$，其中 V 表示图中结点的集合，E 表示结点之间边的集合，w 表示结点之间权值的大小。因为蛋白质-蛋白质相互作用网络中具有噪声和不完整性，网络中的边需要指派一个权值以标明蛋白质之间相互作用关系的强弱程度。

在这一小节中，蛋白质亚细胞位置信息被用于计算蛋白质之间的相互作用程度的可信度得分，而且蛋白质被基于这些得分进行排序。

(2) 打分蛋白质-蛋白质相互作用

真核生物的细胞被精巧地细分为功能区分明显的膜结合区间。亚细胞区间确定了蛋白质起作用的环境。亚细胞区间通过控制各种类型分子相互作用伙伴的可用性和可访问性影响蛋白质的功能。相互作用关系往往富集于处于共同区间的蛋白质之间，但是富集程度随区间的不同而不同。例如，细胞质区间中蛋白质之间的相互作用 1.3 倍富集于偶然发生，而微管区间中蛋白质之间的相互作用 56 倍富集于偶然发生，这暗示着，与蛋白质共定位的简单事实相比，两个推定有相互作用关系且共定位于微管细胞骨架的蛋白质提供了更好的物理相互作用和功能相互作用的证据[402]。另外，不同的亚细胞区间在细胞活动中有不同的作用且重要性不同。例如，许多重要细胞活动，如染色体复制与转录发生在细胞核中[403]。研究亚细胞位置和蛋白质-蛋白质相互作用数据之间的相关性之后，Peng 的研究团队发现前者有助于识别关键蛋白质[404]。他们的研究提示作者使用亚细胞位置信息预测候选疾病基因是可行的。另外，作者的研究显示超过一半的已知 2 型糖尿病基因编码了关键蛋白质。因此，作者有理由相信，亚细胞位置信息能够改善疾病基因排序算法的性能。

Peng 等报道了细胞位置区间的重要性与区间中蛋白质的数量成正

比例关系[403]。为了给位置区间打分,每种区间中蛋白质的数量被计算。每个区间的得分定义为区间中蛋白质的数量 C_X 除以最大区间(指包含最多蛋白质的区间)中蛋白质的数量 C_M。区间的得分 SC 如下:

$$\mathrm{SC}(I) = \frac{C_X(I)}{C_M} \tag{5-2-1}$$

根据以上公式,SC 的取值范围在 0 到 1 之间,其中 I 的值为 $\{1,2,\cdots,11\}$。

基于区间的得分,蛋白质-蛋白质相互作用网络中蛋白质之间的相互作用的得分能够被计算出。位置区间得分的不同意味着一些区间比另一些区间更重要。这种现象导致发生在不同区间的蛋白质之间的相互作用的重要性也是不同的。假定 $\mathrm{Loc}(u)$ 表示蛋白质 u 所在区间的集合,每个蛋白质可能被多个亚细胞位置区间注释。相互作用的蛋白质对可能位于同一区间,因而蛋白质 u 和蛋白质 v 之间的相互作用可能被相同的亚细胞区间注释,即可表示为 $\mathrm{SLoc}(u,v) = \mathrm{Loc}(u) \bigcap \mathrm{Loc}(v)$。进而蛋白质-蛋白质相互作用的得分可以由如下公式定义:

$$\mathrm{SI}(u,v) = \begin{cases} \max(\mathrm{SC}(I)), & \text{若 } \mathrm{SLoc}(u,v) \neq \varnothing \\ \mathrm{SC}(C_N), & \text{其他} \end{cases} \tag{5-2-2}$$

如果 $\mathrm{SLoc}(u,v) \neq \varnothing$,位于同一区间的相互作用的得分被指派为最大值。因为一些蛋白质的亚细胞位置可能遗失,即 $\mathrm{SLoc}(u,v) = \varnothing$,此时这些相互作用的得分被指派为区间的最小值 $\mathrm{SC}(I)$。在公式(5-2-2)中,C_N 指具有最小尺寸的区间。

(3)疾病特异性网络

作者从 OMIM 数据库(http://www.omim.org/)出发筛选疾病基因相关的初始基因集合即种子集合 S。借助种子基因和加权蛋白质-蛋白质相互作用网络,作者通过最近邻居膨胀法构建了疾病特异性网络。换句话说,疾病特异性网络包含种子蛋白质及其直接邻居。

(4)排序候选疾病基因编码的蛋白质

本小节,作者给特异性网络中蛋白质打分并排序。加权度中心性(weighted degree centrality,WDC)用于计算特异性网络中每个蛋白质的得分[405]。用 SPD 表示候选疾病基因编码的蛋白质的得分,计算公式如下:

$$\mathrm{SPD}(u) = \sum_{v}^{N_u} W_{u,v} \qquad (5\text{-}2\text{-}3)$$

此处 N_u 表示蛋白质 u 的直接邻居结点构成的集合，$W_{u,v}$ 表示蛋白质 u 及其邻居 v 之间边的加权值。疾病特异性网络中的所有蛋白质按照 SPD 降序排列。

5.2.2 结果和讨论

本节，作者使用已知的 2 型糖尿病已知基因、亚细胞位置和蛋白质-蛋白质相互作用信息评估了 PDMG 算法在排序候选疾病基因时的性能。首先，作者描述了使用的数据集，然后讨论了糖尿病相关的网络，最后作者对 PDMG 算法预测到的新的基因进行了分析。

（1）数据来源

已知的 2 型糖尿病基因。为了构建疾病的蛋白质-蛋白质相互作用网络并基于网络属性预测疾病基因，作者首先获取了与疾病相关的已知基因列表。2 型糖尿病相关的已知疾病基因来自 OMIM 数据库。在该数据库中，与遗传疾病相关的人类基因用最小可视格式记录，疾病基因的其他信息如功能、参与的分子路径及与其他疾病相关的信息等也被记录。为了获得 2 型糖尿病相关的已知基因，作者搜索了 OMIM 数据库，用关键词"Diabetes mellitus"在"description"搜索框检索了每一条基因记录。结果检出了 84 条记录。表 5-2-1 显示了与 2 型糖尿病相关的记录。借助 HUGO（gene nomenclature committee）数据库（http://www.genenames.org/），这些记录进一步被转化为相应的标准符号。种子基因对应的种子蛋白质也被找到。作者获得了 27 个已知 2 型糖尿病基因编码的蛋白质，即 GPD2，NEUROD1，IRS1，CAPN10，PPARG，SLC2A2，IGF2BP2，WFS1，CDKAL1，HMGA1，ENPP1，GCK，TCF7L2，KCNJ11，ABCC8，MAPK8IP1，UCP3，MTNR1B，HNF1A，TBC1D4，IRS2，LIPC，HNF1B，GCGR，RETN，AKT2 和 HNF4A。

表 5-2-1　2 型糖尿病致病基因记录

序号	基因	疾病表型
1	Gpd2	2 型糖尿病,敏感型
2	Neurod1	糖尿病,非胰岛素依赖
3	Irs1	糖尿病,非胰岛素依赖
4	Capn10	糖尿病,非胰岛素依赖,1
5	Pparg	糖尿病,2 型
6	Slc2a2	糖尿病,非胰岛素依赖
7	Igf2bp2	糖尿病,非胰岛素依赖,敏感型
8	Wfs1	糖尿病,非胰岛素依赖,相关型
9	Cdkal1	糖尿病,非胰岛素依赖,敏感型
10	Hmga1-rs1,Hmga1	糖尿病,非胰岛素依赖,敏感型
11	Enpp1	糖尿病,非胰岛素依赖,敏感型
12	Gck	非胰岛素依赖糖尿病,晚发型
13	Pax4	糖尿病,2 型
14	Slc30a8	糖尿病,非胰岛素依赖,敏感型
15	Tcf7l2	糖尿病,2 型,敏感型
16	Kcnj11	糖尿病,2 型,敏感型
17	Abcc8	糖尿病,非胰岛素依赖
18	Mapk8ip1	糖尿病,非胰岛素依赖
19	Ucp3	肥胖症,2 型,敏感型
20	Mtnr1b	糖尿病,2 型,敏感型
21	Hnf1a	糖尿病,非胰岛素依赖,2
22	Pdx1	糖尿病,2 型,敏感型
23	Tbc1d4	糖尿病,非胰岛素依赖,5
24	Irs2	糖尿病,非胰岛素依赖
25	Lipc	糖尿病,非胰岛素依赖
26	Hnf1b	糖尿病,非胰岛素依赖
27	Gcgr	糖尿病,非胰岛素依赖
28	Retn	糖尿病,非胰岛素依赖,敏感型
29	Akt2	糖尿病,2 型
30	Hnf4a	糖尿病,非胰岛素依赖

蛋白质亚细胞位置。作者从 COMPARTMENTS 数据库[406]取得

了蛋白质亚细胞位置数据。该数据库针对所有模式生物,整合了手工提取注释信息、高通量筛选数据、自动文本挖掘出的基于序列的预测信息。COMPARTMENTS 数据库中包含 11 中不同的区间,标记为 Nucleus, Cytosol, Cytoskeleton, Peroxisome, Lysosome, Endoplasmic reticulum, Golgi apparatus, Plasma membrane, Endosome, Extracellular space 和 Mitochondrion。

蛋白质-蛋白质相互作用数据。蛋白质相互作用数据下载自 BioGrid 数据库(Release version BIOGRID-3.2.111)[407]。该网络包含 16275 个蛋白质和 143611 条边(相互作用)。

(2) 2 型糖尿病特异性网络

作者基于 2 型糖尿病已知基因和蛋白质相互作用数据并利用最近邻居膨胀方法构建 2 型糖尿病相关的蛋白质相互作用子网。作者用已知的 27 个 2 型糖尿病基因作为糖尿病种子基因集合,并从加权的蛋白质-蛋白质相互作用网络中提取了这些已知基因编码的蛋白质及其直接邻居,保存了这些蛋白质之间的相互作用关系。这样,作者构建 2 型糖尿病特异性网络。这些网络总共包含 445 个人类蛋白质以及它们之间的 543 条边(相互作用)。

(3) PDMG 算法预测到的新基因编码的蛋白质

PDMG 算法计算了 2 型糖尿病特异性网络中每个蛋白质的得分并按得分对它们进行了排序。表 5-2-2 列出了靠前的 27 个 2 型糖尿病候选基因编码的蛋白质,该表中包含了 14 个已知 2 型糖尿病基因编码的蛋白质和 13 个新基因编码的蛋白质。作者通过关键词"Diabetes mullitus"并没有从 OMIM 数据库中检索出这 13 个基因。算法的输出结果表明作者的打分函数展现了很高的特异性:27 个得分最高的蛋白质中,有 14 个蛋白质符合 OMIM 数据的注释标准,是已知的疾病基因编码的蛋白质。同时,表 5-2-2 也显示,除了两个蛋白质(即 HNF1B 和 GCK)之外,所有已知基因编码的蛋白质的得分都比其他候选基因编码的蛋白质的得分高。另外,为了测试 PDMG 预测疾病基因的能力,作者采用文献检索法确定被预测的新基因编码的蛋白质是否与糖尿病相关。通过检索 PubMed 文献数据库(http://www.ncbi.nlm.gov/pubmed)

中的文献,作者发现在 13 个预测到的新基因编码的蛋白质中,有 8 个蛋白质已经被报道与糖尿病有关。以下作者详细描述了这 8 个基因编码的蛋白质。

表 5-2-2　排名最前的 27 个 2 型糖尿病候选蛋白质

排名	蛋白质	得分	描述	相关性
1	PPARG	85.83	过氧化物酶体增生物激活受体,2 型糖尿病,敏感型	已知基因
2	HMGA1	63.99	AT-hook1 高机动群,糖尿病,非胰岛素依赖,敏感型	已知基因
3	HNF4A	60.08	肝细胞核转录因子,糖尿病,非胰岛素依赖	已知基因
4	IRS1	45.12	胰岛素受体基质 1,糖尿病,非胰岛素依赖	已知基因
5	HNF1A	24.21	HNF1 同源框基因,糖尿病,非胰岛素依赖,2	已知基因
6	AKT2	23.28	胸腺瘤病毒性同源癌基因,糖尿病,2 型	已知基因
7	TCF7L2	20.03	类 2 型 7 号转录因子,糖尿病,2 型,敏感型	已知基因
8	IGF2BP2	17.77	类增长因子胰岛素 mRNA 绑定蛋白质 2,糖尿病,非胰岛素依赖,敏感型	已知基因
9	MAPK8IP1	14.52	激活有丝分裂蛋白酶 8 相互作用蛋白质 1,糖尿病,非胰岛素依赖	已知基因
10	IRS2	12.78	胰岛素受体基质 2,糖尿病,非胰岛素依赖	已知基因
11	NEUROD1	7.03	神经性分化因子 1,糖尿病,非胰岛素依赖	已知基因
12	UBC	6.52	C 泛素	新基因
13	HNF1B	6	HNF2 同源框基因,糖尿病,非胰岛素依赖	已知基因
14	EP300	4	E1A 绑定蛋白质 P300	新基因
15	CREBBP	4	CREB 绑定蛋白质	新基因
16	ESR1	3.47	雌性激素受体 1	新基因
17	AKT1	3.02	v-akt 鼠类胸腺瘤病毒性致癌基因同源 1	新基因
18	NRF1	3.02	NFKB 抑制转录因子	新基因
19	PCBD1	3	蝶呤 4 甲醇胺脱水酶	新基因
20	SP1	3	Sp1 转录因子	新基因
21	HDAC4	3	组织蛋白脱乙酰酶 4	新基因
22	YWHAB	2.49	络氨酸 3 型单氧酶/色氨酸 5 型单氧酶催化蛋白质	新基因

续表

排名	蛋白质	得分	描述	相关性
23	EGFR	2.47	表皮生长因子受体	新基因
24	GCK	2.45	葡糖激酶,糖尿病,非依赖胰岛素,晚发型	已知基因
25	ELAVL1	2.45	类 RNA 绑定蛋白质 1 的 ELAV	新基因
26	APP	2.29	淀粉样前体蛋白	新基因
27	SUMO2	2.01	小的类泛激素修饰子 2	新基因

• CREBBP ♯15

Rende 的研究团队发现 CREBBP 蛋白质与 2 型糖尿病有关联[408]。他们的研究表明,杂合蛋白质 CREBBP 的缺陷会增加荷尔蒙(比如脂肪连接蛋白和瘦蛋白荷尔蒙、抑制肥胖荷尔蒙和胰岛素耐受性荷尔蒙)的效果。Manabe 的研究团队观察到患有糖尿病的老鼠切除卵巢后的子宫中 CREBBP 的 mRNA 表达会减少[409]。最近的文献[410]报道显示,与健康人相比,潜在自免疫糖尿病患者的 CREBBP 的乙酰转移酶组织蛋白质的表达受到抑制。

• ESR1 ♯16

Linner 的研究团队发现 ESR1 基因中的 rs2207396 变异预示着在性腺机能减退患者中具有 2 型糖尿病的风险[411]。研究了汉族人 2 型糖尿病受试者中候选基因单核苷酸多态性和代谢并发症相关的定量特征之间的相关性之后,Wei 的研究团队发现[412] ESR1 基因编码的 Rs722208 与空腹血糖相关。

• AKT1 ♯17

Devaney 的研究团队[413]报道 AKT1 是代谢综合症和胰岛素耐受性(2 型糖尿病相关的 5 种关键表型之一)的一种风险因素。Hami 的团队在糖尿病母亲生出的海马幼兽中发现了 AKT1 基因表达的重要的双侧抑制[414]。

• NRF1 ♯18

Zhang 的研究团队研究了 b 细胞内缺乏 NRF1 基因对 b 细胞功能和葡萄糖稳态的影响后,得出结论:b 细胞内 NRF1 基因的沉默会导致破坏葡萄糖代谢和损坏胰岛素分泌的 2 型糖尿病表型[415]。来自 Hirotsu 团队的研究表明,NRF1 基因的过度表达会抑制涉及糖酵解和糖再生基因并损坏葡萄糖的利用和生产[416]。

- PCBD1 #19

Ferre 的研究团队发现 PCBD1 基因的缺陷可能导致低镁血症和糖尿病[417]。Simaite 的研究团队发现在老鼠和非洲爪蟾蜍胚胎的正在发育的胰腺中 PCBD1 基因被表达[418]。PCBD1 基因在早期的选择性前进方向上显示了和胰岛素共定位的特征。Simaite 的研究团队提供了 PCBD1 基因变异可能导致早发型非自免疫糖尿病的遗传证据。这种糖尿病具有类似于典型遗传性 HNF1A 糖尿病的特征。

- YWHAB #22

YWHAB 基因编码的蛋白质与 GCGR 基因编码的蛋白质相互作用,后者是 2 型糖尿病相关的基因编码的蛋白质。为了评估 YWHAB 蛋白质对 GCGR 蛋白质功能的影响,Han 的研究团队评估了幼鼠肝细胞中的葡萄糖产生情况[419]。他们发现 YWHAB 基因在老鼠的肝细胞中被过度表达。换句话说,YWHAB 基因抑制了葡萄糖的生产。他们的研究显示,YWHAB 可能充当了葡萄糖代谢的重要调控器。YWHAB 基因调控了 AKT 基因和葡萄糖响应转录因子 ChREBP 蛋白质的活动[420,421]。AKT 基因居中传递胰岛素信息。ChREBP 蛋白质在涉及肝脏糖酵解和脂肪再生的蛋白质的葡萄糖调解中起了重要作用。

- EGFR #23

Chen 的研究团队发现在患有糖尿病的老鼠体内,EGFR 基因编码的蛋白质的磷酸化在调解转化生长因子诱发肾纤维化及这种纤维化受 EGFR 抑制剂埃洛替尼抑制时起作用[422]。最近,他们也发现,如果敲除特定足突细胞的 EGFR 基因,老鼠会抵抗糖尿病相关的足突细胞损坏演进[423]。

- SUMO2 #27

研究发现,老鼠的 SUMO2 基因编码的蛋白质负面调控了 T 细胞和 B 细胞的转录活动[424,425]。老鼠的 SUMO2 基因在 T 细胞中的过度表达抑制了 Th1 和 Th2 细胞因子的产生[424,425]。因此,老鼠 SUMO2 基因在自免疫糖尿病的发展过程中起了复杂的作用。早期的文献[426]也显示 SUMO 基因涉及 NF-kB 的活化作用,因而也通过胰腺细胞中的细胞凋灭,而与 1 型糖尿病相关。

5.3 疾病基因识别算法 IMIDG

5.3.1 算法描述

本节首先概要描述了疾病候选基因识别问题,然后介绍了作者识别致病基因的迭代算法 IMIDG。图 5-3-1 显示了 IMIDG 算法的工作流程。在算法描述中,作者阐述了蛋白质区间位置信息在预测致病基因方面所起的重要作用,以及蛋白质亚细胞位置信息和蛋白质-蛋白质相互作用数据的整合技术。加权网络中蛋白质的打分过程也被介绍,即一个迭代函数基于网络的全局信息给疾病候选基因打分。所有疾病候选基因按其得分降序排列。

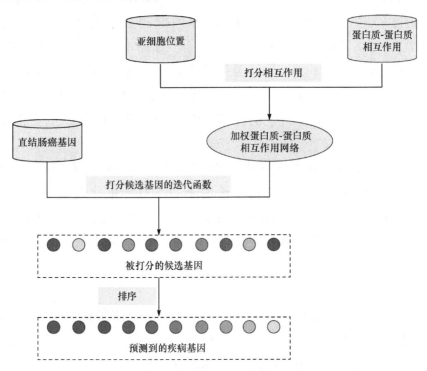

图 5-3-1 IMIDG 算法排序疾病候选基因的工作流程

IMIDG 算法包括三个步骤:结合亚细胞位置信息构建加权蛋白质-蛋白质相互作用网络、用迭代函数打分加权网络中的蛋白质、按得分降序排列蛋白质

(1) 基因排序问题

排序疾病候选基因涉及给可能与疾病相关的基因指定一个可能性得分。候选基因优选算法的目标是收窄不断被产生的数以千计的人类基因和这些基因中的潜在致病基因之间的鸿沟。这些算法依赖 GBA 原则,该原则认为导致某种疾病的基因往往具有相似的或相同的属性[391,427,428]。如果一个候选基因编码的蛋白质和一个已知致病基因编码的蛋白质有相互作用关系,那么候选基因将展示有希望的表型。基于 GBA 原则,研究者能够从疾病数据库中抽取一组已知致病基因作为种子基因,进而评估候选基因和种子基因之间的关系[28],最后,候选基因按照这种关系进行排序。

优选疾病候选基因通常可以定义如下。S 代表一组和疾病 D 密切相关的种子基因。C 代表将被算法排序的候选基因集合。这两个数据集作为算法的输入。接下来,量化集合 C 中的基因和集合 S 中的基因之间的关系变得很重要。捕获这种关系需要使用蛋白质-蛋白质相互作用网络。该网络可以表示为 $G=(V,E,w)$,G 包含一组蛋白质 V 及 V 中蛋白质之间的相互作用 E。由于蛋白质-蛋白质相互作用数据中存在虚假的相互作用关系,所以有必要给网络中的每条边加权。加权值 w 量化了蛋白质 $u \in V$ 和蛋白质 $v \in V$ 之间的相互作用关系。基于加权的蛋白质-蛋白质相互作用网络,算法使用一种或多种策略打分候选基因,具有更高得分的基因被认为最可能与疾病 D 相关。

(2) 量化蛋白质之间的相互作用关系

蛋白质亚细胞位置信息确定了蛋白质发挥作用的环境,是一种有价值的信息资源,对阐明蛋白质功能、注解基因组、设计蛋白质组学实验以及识别潜在的诊疗目标、药物目标、疫苗目标有重要帮助[429-432]。细胞同一区间中($P<0.001$ 的单边二项式测试)的蛋白质之间有密集的相互作用关系,但是这种聚集程度依不同的细胞区间而有所不同[433]。显著的例子是细胞质区间(cytoplasmic)和微管区间(microtubule)中的蛋白质之间的相互作用关系。细胞质区间中蛋白质之间的相互作用的聚集值是阈值的 1.3 倍,而微管区间中蛋白质之间相互作用的聚集值是阈值的 56 倍[433]。分析了蛋白质亚细胞位置信息和蛋白质-

蛋白质相互作用网络之间的关系之后，Peng 等发现亚细胞位置信息有助于侦测关键蛋白质[397,434]。一些研究显示，蛋白质亚细胞位置和致病基因有密切关联。例如，致病基因 PTEN 与细胞质相关，它能依据 PIP2 和 PIP3 的浓度瞬时关联细胞膜[435,436]。人们也发现 PTEN 定位于细胞器(organelles)和特定的位置如线粒体(mitochondria)、线粒体相关的细胞膜、内质网(endoplasmic reticulum)等[437-441]。致病基因和亚细胞位置之间的这种关联启发作者在识别致病基因时可以利用亚细胞位置信息的优势。在作者的研究中，亚细胞位置数据用于量化蛋白质之间的相互作用关系。依据 Peng 等开发的技术，首先基于区间中的蛋白质数目给区间指派一个得分，然后被打分的区间用于衡量相互作用关系。Peng 等发现细胞区间的重要性与区间中的蛋白质数成比例[38]。这一发现意味着区间中蛋白质的数量能够用于量化区间的重要性。因而，区间的得分能够用如下公式计算，

$$\mathrm{SC}(I)=\frac{P_X(I)}{P_M} \tag{5-3-1}$$

公式(5-3-1)中，P_X 是区间 I 中的蛋白质数目，P_M 表示具有最多蛋白质的区间中蛋白质的数目。公式(5-3-1)暗示，SC 的取之范围在 0 到 1 之间，I 的取值为 $\{1,2,\cdots,11\}$。依据加权区间，蛋白质之间的相互作用关系也能被量化，即加权蛋白质-蛋白质相互作用网络被构建。公式(5-3-1)证明区间的值越高区间就越重要。因此，假定越重要的区间中发生的相互作用关系应该被指派更高的得分是合理的。假设 Loc(u)表示蛋白质 u 所在区间的集合。两个相互作用的蛋白质 u 和 v，其中之一可能位于不同的细胞区间，另外，它们也可能位于同一区间。因而，相互作用可能发生在相同或不同的区间。如果在同一区间，SLoc(u,v) = Loc(u) $\cap$ Loc(v)。蛋白质 u 和蛋白质 v 之间的相互作用关系可以用公式(5-3-2)定义，

$$W(u,v)=\begin{cases}\max(\mathrm{SC}(I)), & \text{若 SLoc}(u,v)\neq\varnothing \\ \mathrm{SC}(C_N), & \text{其他}\end{cases} \tag{5-3-2}$$

如果 SLoc(u,v) $\neq \varnothing$，即相互作用的两个蛋白质出现相同的区间，相互作用(u,v)的取值达到最大。相反，如果 SLoc(u,v) = $\varnothing$，它的得分取蛋

白质 u 或蛋白质 v 所属一个或多个区间的 SC(I) 的最小值,因为一些亚细胞的区间信息可能遗失。在公式(5-3-2)中,C_N 是包含最少蛋白质数量的区间。

(3) 打分疾病候选基因

作者的算法 IMIDG 事先假定蛋白质-蛋白质相互作用网络中的蛋白质与疾病之间的关系未知。为了利用新加权的网络的全局拓扑信息,作者使用一个迭代函数 F 给网络中的每一个蛋白质打分。函数包括两个输入。一个输入是邻接矩阵 H。由蛋白质亚细胞位置信息加权的蛋白质-蛋白质相互作用网络转化为邻接矩阵 H,H 中的元素是蛋白质之间的相互作用的归一化后的得分。H 是加权图 $G=(V,E,w)$ 的 $n \times n$ 邻接矩阵。矩阵 H 的元素值 $h(i,j)$ 由如下公式计算,

$$h(i,j) = \begin{cases} \text{Norm}_i(w(i,j)) = \dfrac{w(i,j)}{\sum\limits_{x \in Ne(i)} w(i,x)}, & \text{若} \sum\limits_{x \in Ne(i)} w(i,x) > 0 \\ 0, & \text{其他} \end{cases}$$

(5-3-3)

在公式(5-3-3)中,$Ne(i)$ 和 $w(i,j)$ 分别指结点 v_i 的邻居构成的集合和结点 v_i 及其邻居之间的加权值。公式(5-3-3)显示,矩阵 H 中每行元素的和为 1 或者 0,即 $\sum\limits_{j \in Ne(i)} h(i,j) = 1$ 或者 $\sum\limits_{j \in Ne(i)} h(i,j) = 0$。具有初始值的加权蛋白质-蛋白质相互作用网络中的所有蛋白质充当了迭代函数 F 的另一个输入。这些蛋白质的初始值构成初始矩阵,矩阵中已知基因疾病编码的蛋白质的值为 1,其他为 0。蛋白质 i 的初始值表示为 $p(i)$。迭代函数 F 表示为

$$F(i) = (1-\alpha)p(i) + \alpha \sum_{j \in Ne(i)} h(i,j)F(j) \tag{5-3-4}$$

公式(5-3-4)描述了一个线性系统,其中,每个蛋白质的得分取决于它的初始值及其邻居得分之和的线性组合。参数 $\alpha(0 \leqslant \alpha < 1)$ 用于平衡迭代函数 F 的两个限制条件。在极端情况下,即 $\alpha = 0$ 时,F 决定与蛋白质的初始值。当 α 的值在 0 和 1 之间时,F 取决于蛋白质及其邻居。在研究关键蛋白质时,Peng 等使用了相似的函数 F 给候选关键蛋白质打分[442]。她们发现 α 的最优取值为 0.5[442]。因此,在作者的算法中 α 的

取值也设为 0.5。F 也可以表示为矩阵-向量的形式，
$$F=(1-\alpha)\times P+\alpha\times H\times F \tag{5-3-5}$$
此处 $F=(F(1),F(2),\cdots,F(n))$，$P=(p(1),p(2),\cdots,p(n))$。$P$ 是初始向量。在作者的研究中，迭代程序被用于精确执行线性系统[38]。
$$F^{t+1}=(1-\alpha)\times P+\alpha\times H\times F^{t} \tag{5-3-6}$$
此处 $t=0,1,2,\cdots$，表示迭代的次数。

(4) 排序疾病候选基因

蛋白质-蛋白质相互作用网络中的蛋白质依据 F 函数的打分降序排列。

5.3.2 结果和讨论

基于三种生物学数据即直结肠癌和乳腺癌的已知致病基因、亚细胞位置信息、人类蛋白质-蛋白质相互作用数据，IMIDG 算法和两种算法 DADA 和 ToppNet 进行了比较。为了评估不同算法的性能，留一法交叉验证（LOOCV）和文献研究法被使用。本节首先描述了用于比较不同优选算法的源数据，然后介绍了留一法交叉验证的处理过程及结果，最后描述了文献研究法的结果。文献研究法用于确定不同算法识别的致病基因是否真的与疾病相关。

(1) 数据来源

已知致病基因。作者的实验中使用了两种疾病的已知致病基因，即直结肠癌和乳腺癌。33 个直结肠癌基因和 28 个乳腺癌基因提取自 OMIM 数据库（http://www.omim.rog/）。基于 HGNC 数据库（http://www.genenames.org/），作者获得了这两种疾病已知基因编码的蛋白质。表 5-3-1 列出了两种癌症的已知致病基因。在表 5-3-1 中，括号内是基因编码的蛋白质名。

表 5-3-1 直结肠癌和乳腺癌相关的已知基因

序号	直结肠癌	乳腺癌
1	Epcam(P16422)	Rad54l(Q92698)
2	Msh2(P43246)	Casp8(Q14790)
3	Msh6(P52701)	Bard1(Q99728)

续表

序号	直结肠癌	乳腺癌
4	Ep300(Q09472)	Pik3ca(P42336)
5	Tgfbr2(P37173)	Prlr(P16471)
6	Mlh1(P40692)	Hmmr(O75330)
7	Pik3ca(P42336)	Nqo2(P16083)
8	Tlr2(O60603)	Esr1(P03372)
9	Mcc(P23508)	Rb1cc1(Q8TDY2)
10	Braf(P15056)	Slc22a18(Q96BI1)
11	Dlc1(Q96QB1)	Tsg101(Q99816)
12	Galnt12(Q8IXK2)	Atm(Q13315)
13	Tlr4(O00206)	Kras(P01116)
14	Ccnd1(P24385)	Brca2(P51587)
15	Pole(Q07864)	Xrcc3(O43542)
16	Mlh3(Q9UHC1)	Akt1(P31749)
17	Flcn(Q8NFG4)	Rad51(Q06609)
18	Axin2(Q9Y2T1)	Palb2(Q86YC2)
19	Smad7(O15105)	Cdh1(P12830)
20	Bax(Q07812)	Nqo1(P15559)
21	Pold1(P28340)	Trp53()
22	Pdgfrl(Q15198)	Rad51d(O75771)
23	Chek2(O96017)	Brca1(P38398)
24	Bub1(O43683)	Phb(P35232)
25	Ctnnb1(P35222)	Rad51c(O43502)
26	Fgfr3(P22607)	Ppm1d(O15297)
27	Apc(P25054)	Brip1(Q9BX63)
28	Pms2(P54278)	Chek2(O96017)
29	Nras(P01111)	
30	Akt1(P31749)	
31	Bub1b(O60566)	
32	Trp53(P04637)	
33	Dcc(P43146)	

蛋白质亚细胞位置。作者从 COMPARTMENTS 数据库下载了蛋白质亚细胞位置数据。COMPARTMENTS 数据库基于高通量筛选、

手工抽取注释、自动文本挖掘的序列识别技术,整合了所有主要模式生物的各种亚细胞位置证据[443]。真核生物的细胞分为功能截然不同的受膜约束的区间,即 Nucleus,Golgi apparatus,Cytosol,Cytoskeleton,Peroxisome,Lysosome,Endoplasmic reticulum,Mitochondrion,Endosome,Extracellular space 和 Plasma membrane。

蛋白质-蛋白质相互作用数据。作者的实验中使用的人类蛋白质相互作用数据下载自 BioGrid 数据库(版本号 BIOGRID-3.2.111)[444]。人类蛋白质-蛋白质相互作用网络包括 16275 个蛋白质和 143611 条边(相互作用)。

(2) 留一法交叉验证

在作者的研究中,留一法交叉验证被用于不同算法精确优选直结肠癌和乳腺癌致病基因的性能。留一法交叉验证始于两个集合,即训练集和测试集。直结肠癌和乳腺癌的训练集分别包含 33 和 28 个已知致病基因。针对训练集中的每个基因(也称目标基因),作者在网站(http://genome.ucsc.edu/index.html/)上抽取了与其遗传距离最近的 99 个基因。目标基因及其 99 个邻居构成了测试集。每个目标基因对应一个测试集。IMIDG 算法对测试集中基因进行排序。LOOCV 不断重复,直到训练集中的所有目标基因都被测试完。作者计算了每种排序算法的 AUC 面积,结果显示在图 5-3-2 和图 5-3-3 中。图 5-3-2 和图 5-3-3 显示 IMIDG 算法的 AUC 值比 DADA 算法和 ToppNet 算法的都大。这意味着,IMIDG 算法能更好地识别疾病候选基因。

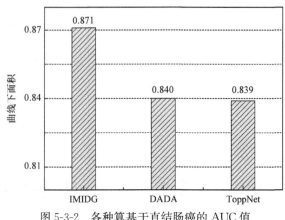

图 5-3-2　各种算基于直结肠癌的 AUC 值

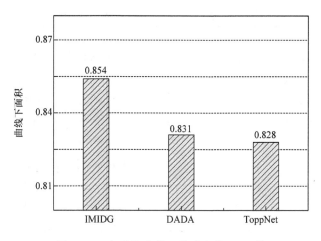

图 5-3-3　各种算法基于乳腺癌的 AUC 值

(3) IMIDG 算法识别的与直结肠癌相关的新基因

文献研究法被用于检验 IMIDG 算法识别的新直结肠癌基因。首先,作者基于训练集中的所有种子基因执行了 IMIDG 算法,对整个蛋白质-蛋白质相互作用网络中的蛋白质进行排序,表 5-3-2 列出了排序靠前的 50 个候选直结肠癌蛋白质/基因。然后,作者通过检索并阅读 PubMed 数据库(http://www.ncbi.nlm.nih.gov/pubmed)中的科学文献,确定作者识别出的新基因是否与直结肠癌相关。表 5-3-2 显示,排序靠前的 50 个基因中,大多数与直结肠癌相关。具体而言,训练集中所有已知直结肠癌致病基因(除了基因 PDGFRL,这是因为蛋白质-蛋白质相互作用网络中没有该基因编码的蛋白质)都被指派了比其他基因更高的得分。表 5-3-2 也显示,文献证明了 5 个新发现的基因与直结肠癌相关。这 5 个基因并没有在 OMIM 数据库中列出,因此对生物学家有积极的参考意义。作者将详细描述这 5 个基因与直结肠癌的关系。

表 5-3-2　前 50 个直结肠癌候选基因

序号	基因	蛋白质	排名	得分	相关性	文献
1	AXIN2	Q9Y2T1	1	0.03571169	已知基因	
2	MLH3	Q9UHC1	2	0.03472092	已知基因	
3	TLR2	O60603	3	0.03395011	已知基因	

续表

序号	基因	蛋白质	排名	得分	相关性	文献
4	BUB1	O43683	4	0.03318875	已知基因	
5	TGFBR2	P37173	5	0.03318302	已知基因	
6	PMS2	P54278	6	0.03310227	已知基因	
7	MLH1	P40692	7	0.0330778	已知基因	
8	MSH6	P52701	8	0.03303876	已知基因	
9	APC	P25054	9	0.03266845	已知基因	
10	MSH2	P43246	10	0.03258108	已知基因	
11	SMAD7	O15105	11	0.03258029	已知基因	
12	BUB1B	O60566	12	0.03253546	已知基因	
13	TLR4	O00206	13	0.03246196	已知基因	
14	CTNNB1	P35222	14	0.03237926	已知基因	
15	BRAF	P15056	15	0.0322387	已知基因	
16	AKT1	P31749	16	0.03215315	已知基因	
17	EP300	Q09472	17	0.03206387	已知基因	
18	CHEK2	O96017	18	0.03204396	已知基因	
19	GALNT12	Q8IXK2	19	0.03196247	已知基因	
20	POLE	Q07864	20	0.03194429	已知基因	
21	CCND1	P24385	21	0.03190132	已知基因	
22	NRAS	P01111	22	0.03188049	已知基因	
23	BAX	Q07812	23	0.0317459	已知基因	
24	POLD1	P28340	24	0.03173965	已知基因	
25	DCC	P43146	25	0.03172835	已知基因	
26	FGFR3	P22607	26	0.03168437	已知基因	
27	MCC	P23508	27	0.03166918	已知基因	
28	PIK3CA	P42336	28	0.03166116	已知基因	
29	DLC1	Q96QB1	29	0.03161672	已知基因	
30	FLCN	Q8NFG4	30	0.03150003	已知基因	
31	EPCAM	P16422	31	0.03147559	已知基因	
32	TRP53	P04637	32	0.03146921	已知基因	
33	TLR1	Q15399	33	0.01660302	新基因	[445],[446]
34	NT5C3L	Q969T7	34	0.0165389	新基因	
35	NTG2	Q08214	35	0.0165389	新基因	

续表

序号	基因	蛋白质	排名	得分	相关性	文献
36	FCGBP	Q9Y6R7	36	0.0165389	新基因	[447],[448]
37	KIAA1328	Q86T90	37	0.01633422	新基因	
38	CDH17	Q12864	38	0.01618963	新基因	[448],[449]
39	CDH3-B	P22223	39	0.01618963	新基因	
40	CDH8	P55286	40	0.01618963	新基因	
41	THEM4	Q5T1C6	41	0.01607657	新基因	
42	TRHDE	Q9UKU6	42	0.01607657	新基因	
43	POP-1	Q99575	43	0.01603194	新基因	[450]
44	ACSM5	Q6NUN0	44	0.01603194	新基因	
45	ITIH3	Q06033	45	0.01603194	新基因	[451]
46	ARSF	P54793	46	0.01603194	新基因	
47	C15ORF55	Q86Y26	47	0.01603194	新基因	
48	PLSCR2	Q9NRY7	48	0.01603194	新基因	
49	OYE2	Q03558	49	0.01587295	新基因	
50	MIB1	Q80SY4	50	0.01586983	新基因	

• TLR1 ♯33

Lu 等侦测了直结肠癌病人和癌细胞队列中 TLR1,TLR2,TLR4 和 TLR8 基因及其下游基因的表达水平后,发现直结肠癌组织的 TLR1,TLR2,TLR4,TLR8,IL-6 和 IL-8 基因表达水平比正常肠粘膜高[445]。于是他们得出结论:TLR1,TLR2,TLR4 和 TLR8 基因表达水平的预测结果能够充当直结肠癌的标识[446]。另外,最近的研究指出,TLR1 和 rs5743618 能够预测转移性直结肠癌患者在伊立替康联合贝伐单抗治疗中的临床反应[446]。

• FCGBP ♯36

Yasui 等研究了老鼠的非肿瘤性癌组织和直结肠癌之间的蛋白质的表达差异,他们确定 FCGBP 基因的表达水平明显下降[447]。Onstenk 等研究了转移性直结肠癌患者的主要肿瘤和循环肿瘤细胞的分子特征之间的关系,发现 9 个基因(CDH1,CDH17,CDX1,CEACAM5,FABP1,FCGBP,IGFBP3,IGFBP4 和 MAP)在循环肿瘤细胞中的表达水平下降[448]。

• CDH17　♯38

如上所述，文献[448]证明 CDH17 基因在循环肿瘤细胞中的表达水平有显著的差异。另外，Sethi 等也证明 CDH17 基因编码了直结肠癌肿瘤中的大部分下调蛋白质[449]。

• POP-1　♯43

Williams 等研究了血管心外膜物质（BVES 基因，也即 POPDC1 和 POP1 基因）的功能，观察到 BVES 在人类直结肠癌的所有阶段和腺瘤性息肉中都被下调[450]。按照这一发现，他们推测后生性 BVES 基因沉默可能对结肠致癌过程中上皮-间质转换起重要的促进作用。

• ITIH3　♯45

在侦测潜在的基于血液并能指示早期肠道癌症的生物标记的实验中，Ivancic 等发现[451]ITIH3 基因在血清中被上调了。

5.4　本章总结

蛋白质-蛋白质相互作用数据的快速增长对在网络级别上预测疾病相关的基因提供了前所未有的机会。许多现存的疾病基因优选算法基于蛋白质-蛋白质相互作用网络，利用导致相似疾病的基因在网络中往往聚在一起的原则预测疾病基因。然而，蛋白质-蛋白质相互作用数据不完整而且包含了假阳性，这些缺陷严重影响了单纯依赖网络拓扑结构的计算机算法的精度。因而，新的改善算法性能的研究趋势是将其他来源的生物信息整合到蛋白质-蛋白质相互作用网络中。不过，人们在引入新的信息时，没有考虑蛋白质必须定位于恰当的亚细胞区间才能执行相应功能这一事实。在作者的研究中，亚细胞位置数据被整合到蛋白质-蛋白质相互作用网络中，然后疾病特异性网络被构建并被用于优选潜在的疾病基因。具体而言，首先从 OMIM 数据库中获取了已知的 2 型糖尿病基因，它们编码的蛋白质作为种子蛋白质，再利用最近邻居膨胀法构建了 2 型糖尿病特异性网络，然后，WDC 方法被用于给网络中的蛋白质打分，最后被打分的蛋白质被降序排列。

为了测试 PDMG 算法预测潜在的疾病蛋白质的能力，作者使用文献检索法分析了PDMG算法预测到的新基因编码的蛋白质。文献检索结果显示,被PDMG排序的最靠前的27个蛋白质中有13个新的蛋白质,这13个新蛋白质中有8个蛋白质与糖尿病相关。编码这8个蛋白质的基因是CREBBP,ESR1,AKT1,NRF1,PCBD1,YWHAB,EGFR和SUMO2。这8个新基因编码的蛋白质来自其所在的蛋白质-蛋白质相互作用网络,而不是OMIM数据库中基因所编码。因而,PDMG算法能容忍假阳性。

在人类的健康活动中,识别致病基因仍然是一个基础性的问题。生物学方法侦测致病基因的局限和快速增长的生物学数据促进了识别致病基因的计算机方法的发展。许多计算机方法利用GBA原则,基于蛋白质-蛋白质相互作用网络识别可能的致病基因。但是,蛋白质-蛋白质相互作用数据中存在较高假阳性率和假阴性率的缺陷。因而,仅仅利用网络的拓扑特性的计算方法需要进一步改善。为了应对这一问题,不同来源的生物学数据被整合到蛋白质-蛋白质相互作用网络中。作者的研究从直结肠癌的致病基因和加权蛋白质-蛋白质相互作用网络开始。直结肠癌的致病基因来自OMIM数据库,加权网络由蛋白质亚细胞位置信息和蛋白质相互作用网络构成。基于已知的直结肠癌致病基因和加权网络,一个迭代函数被用于打分疾病候选基因。最后,基于这些分值,疾病候选基因被降序排列。列表中排序靠前的基因被认为潜在的致病基因。直结肠癌和乳腺癌被用于评估IMIDG算法。留一法交叉验证和文献研究法基于人类蛋白质-蛋白质相互作用数据、亚细胞位置信息和已知致病基因,比较分析了IMIDG,DADA和ToppNet三种算法。留一法交叉验证的结果表明,IMIDG算法在侦测新致病基因方面胜过DADA和ToppNet算法。另外,IMIDG将所有已知致病基因放置在列表的最前面。在前50个疾病候选基因中包含32个已知直结肠癌致病基因和18个其他基因。文献研究法表明,18个新基因中,5个基因ITIH3,POP-1,CDH17,FCGBP,TLR1与直结肠癌相关。这些证据证明了IMIDG方法的有效性。更重要的是,候选基因列表中排序靠前的未知基因给生物学家提供了有价值的参考。

第6章 结 束 语

6.1 本书的主要贡献和创新点

本书的主要贡献和创新在于针对四个具体的生物问题,即动态蛋白质网络构建问题、关键蛋白质识别问题、低可信度蛋白质网络中复合物的预测问题以及高可信蛋白质网络中复合物的预测问题和疾病基因识别问题,提出了对应的相对有效的解决方案。

创新点一,构建了时间序列的动态蛋白质网络 TC-PINs。不同时间点上的基因表达谱,在一定程度上反映了细胞系统的动态变化本质。作者将携带时间信息的基因表达数据与蛋白质相互作用数据融合,成功地构建了 36 个不同时刻的动态蛋白质网络。另外,通过分析新构建的动态网络中的复合物,作者展现了动态蛋白质网络的时间特异性。TC-PINs 为其他研究者进一步研究细胞系统的生命活动打下了良好的基础。

创新点二,提出了新的关键蛋白质识别方法 WDC。利用同一物种的不同类型的生物数据之间的互补性,作者设计了新的关键蛋白质识别方法 WDC。WDC 将能突出表现酵母蛋白质网络拓扑特征的边聚类系数 ECC 和能表征基因的功能相似性的皮尔逊相关系数 PCC 结合起来,提出了一种新的结点中心性方法,在此基础上排序网络中的蛋白质,从而识别关键蛋白质。新方法识别的关键蛋白质对药物靶点和致病基因的研究具有积极的借鉴意义。

创新点三,设计数学模型并结合蛋白质亚细胞位置数据给蛋白质相互作用网络加权,同时,借助边聚类系数刻画网络的拓扑特征并给网络加权,组合两种加权技术,构建加权网络,最后基于加权网络提出了一种关键蛋白质侦测算法 CNC。

创新点四，设计并实现了 SCP 算法。SCP 算法整合了基因表达谱、蛋白质亚细胞位置和蛋白质-蛋白质相互作用网络三种数据，然后改进 PageRank 算法从加权网络中侦测关键蛋白质。

创新点五，基于多生物信息，开发了一种复合物预测算法 CMBI。CMBI 结合了关键蛋白质信息、基因表达信息和蛋白质相互作用信息，并充分利用了复合物在生物学上的组织特异性，在低可信的蛋白质网络上预测出了高质量的复合物。CMBI 算法一个鲜明的特色是，它能预测到一些特殊的复合物，这些复合物包含的蛋白质数目较少，且复合物中蛋白质的邻居也很少。CMBI 算法的思想为融合多生物数据源研究蛋白质网络提供了有益的指导。

创新点六，提出了一种在高可信的蛋白质网络上预测复合物的通用算法 ClusterBFS。ClusterBFS 算法利用加权密度和广度优先搜索在高可信加权网络上预测复合物。通过分析 ClusterBFS 从不同的高可信网络中预测到的复合物的质量，可以确定，ClusterBFS 算法通用于各种加权网络，且比类似的其他算法性能要好。

创新点七，基于网络的局部拓扑特征，提出了一种识别疾病基因的 PDMG 算法。算法从已知的疾病基因出发，利用最大邻居扩展法，构建疾病特异性网络，然后，基于蛋白质-蛋白质相互作用网络的局部特征，识别疾病基因。

创新点八，基于网络的全局特征，提出了一种识别疾病基因的 IMIDG 算法。IMIDG 算法首先将蛋白质-蛋白质相互作用网络转化为邻接矩阵并利用已知疾病基因信息构建初始向量，然后设计一个迭代函数实现对网络中的基因打分并排序。

本书以多生物数据源为基础，提出了一系列有关网络动态性、关键性、模块性的计算分析方法，在一定程度上解决了当前生物学中的一些热点问题。这些方法不仅揭示了生物体在生命活动中的本质特征，而且，有利于后来的研究者利用本书的研究成果进一步研究生物网络中的其他热点问题如致病基因的研究等。

6.2 展　　望

随着许多基因组测序项目的完成,研究人员在后基因组时代转而关注蛋白质组学。高通量实验技术以及计算预测方法产生了各种大规模的生物网络。为了弄清楚细胞的组织特性和功能特征,很多科研团队致力于生物网络的计算分析并取得了一定的成果。本书深入研究了蛋白质网络的动态特征、关键性和模块化特征,构建了时间序列的动态蛋白质网络,提出了新的关键蛋白质识别方法和复合物预测技术。尽管作者的研究取得了一定的成效,但是在蛋白质网络的研究领域中还是存在一些问题需要解决,因此结合本书的研究内容,作者提出了未来的研究方向：

(1) 动态蛋白质网络研究。本书采用统一阈值法过滤酵母的基因表达谱,然后构建了不同时刻的动态蛋白质网络,尽管构建的动态网络是成功的且具有显著的生物学意义,但是,方法仍然比较简单,而且只是利用了时间过程的基因表达信息,没有考虑不同器官或组织的基因表达谱和不同环境因素下的物种的基因表达谱,所以没能完整地捕获蛋白质网络的各种动态特征。未来一方面需要研究者建立更有效的数学模型,合理地融合各种基因表达信息及其他生物学信息,构建新的动态网络;另一方面,需要综合考虑蛋白质网络、基因调控网络和代谢网络等生物网络的相关性,建立综合的动态生物网络,全面反映细胞系统的动态本质。

(2) 关键蛋白质研究。在酵母的蛋白质网络中,ECC 是网络最显著的拓扑特征之一,作者在设计 WDC 方法时充分利用了网络的这个优点。更重要的是,为了在一定程度上克服蛋白质网络假阳性带来的不利影响,本书引入了基因表达信息,并借助"表达谱相似的基因往往具有相似的功能"这一规律,利用 PCC 量化了蛋白质之间的功能相似性,最后结合 ECC 和 PCC 构建新的加权网络,使用加权度中心性预测关键蛋白质。虽然作者合理地引入基因表达信息,改善了单纯从蛋白质网络中预测关键蛋白质的性能,但是未来的挑战依然存在。首先,关键蛋白质/基因的预测还局限在单细胞生物如酵母或大肠杆菌等的生物网络(如蛋白质-蛋白质网络和代谢网络等),人类生物网络中关键基因的研究仍停留在起步阶段,大多是通过家鼠等物种的同源性间接研究人类基因的关键性,因此预测精度有待提高。另外,本书的研究证明,结合其他生物数据源能提高关键蛋白质的预测精度,那么,将其他生物信息(如遗传相互关系)加入生物网络(如代谢网络)也有可能提高预测方法的精度,因此这也是未来值得探索研究方向之一。

(3) 蛋白质复合物研究。蛋白质复合物在细胞的组织和功能实现中起了重要的作用,因此蛋白质复合物预测一直是生物网络研究中的热点。一般而言,各种复合物侦测算法都是试图从蛋白质网络中识别复合物的对应物——密度子图。但是,已知的真实复合物集合中存在大量的小尺寸的复合物,例如CYC2008的真实复合物集合中总共包含408个复合物,其中259个复合物仅仅包含2个或3个蛋白质,这些特殊的复合物需要被完整的识别出来。尽管作者在CMBI算法和ClusterBFS算法中已经关注了这个问题,并在一定程度上提出了解决方法,但是还需要更进一步的研究。需要充分分析这些特殊复合物中稀疏蛋白质的各种特征,而不是仅仅依据蛋白质的关键性挖掘网络中的稀疏子图。

(4) 致病基因研究。关键蛋白质/基因与致病基因有密切的联系,计算机科学家用计算机方法预测出来的关键基因集合能给生物学家在筛选药物靶点和致病基因时提供良好的参考。未来,这一领域的研究将集中于开发新的技术以整合不同来源的生物学数据(如表达数据、相互作用数据、进化和序列数据等)并且结合功能信息对这些大规模数据进行计算分析,寻找致病基因。

参 考 文 献

[1] International Human Genome Sequencing Consortium. Initial sequencing and analysis of the human genome. Nature,2001,409:860-921.
[2] Venter J C,et al. The sequence of the human genome. Science,2001,291: 1304-1351.
[3] Zhu H,Snyder M. Protein chip technology. Current Opinion in Chemical Biology,2003,7:55-63.
[4] Patterson S D,Aebersold R H. Proteomics: the first decade and beyond. Nature Genetics,2003,33:311-323.
[5] Alon U. Biological networks: the tinkerer as an engineer. Science,2003,301: 1866-1867.
[6] Hartwell L H,Hopfield J J,Leibler S,Murray A W. From molecular to modular cell biology. Nature,1999,402:c47-c52.
[7] Jones S,Thornton J M. Principles of protein-protein interactions. Proceedings of the National Academy of Sciences,1996,93:13-20.
[8] Koonin E V,Wolf Y I,Karev G P. The structure of the rotein universe and genome evolution. Nature,2002,420:218-223.
[9] Ofran Y,Rost B. Analysing six types of protein-protein interfaces. Journal of Molecular Biology,2003,325(2):377-387.
[10] Nooren I,Thornton J M. Diversity of protein-protein interactions. EMBO Journal,2003,22:3486-3492.
[11] Von Mering C,et al. Comparative assessment of large-scale data sets of protein-protein interactions. Nature,2002,417:399-403.
[12] Phizicky E M,Fields S. Protein-protein interactions: methods for detection and analysis. Microbiological Reviews,1995,59:94-123.
[13] Ito T,Chiba T,Ozawa R,Yoshida M,Hattori M,Sakaki Y. A comprehensive two-hybrid analysis to explore the yeast protein interactome. Proceedings of the National Academy of Sciences,2001,98(8):4569-4574.
[14] Uetz P,et al. A comprehensive analysis of protein-protein interactions in Saccharomyces cerevisiae. Nature,2000,403:623-627.
[15] Gavin A C,et al. Functional organization of the yeast proteome by systematic analysis of protein complexes. Nature,2002,415:141-147.

[16] Ho Y, et al. Systematic identification of protein complexes in Saccharomyces cerevisiae by mass spectrometry. Nature, 2002, 415:180-183.

[17] Ge H. UPA, a universal protein array system for quantitative detection of protein-protein, protein-DNA, protein-RNA and protein-ligand interactions. Nucleic Acids Research, 2000, 28(2):e3.

[18] MacBeath G, Schreiber S L. Printing proteins as microarrays for high-throughput function determination. Science, 2000, 289:1760-1763.

[19] Zhu H, et al. Global analysis of protein activities using proteome chips. Science, 2001, 293:2101-2105.

[20] Wagner A. How the global structure of protein interaction networks evolves. Proceedings Biological Sciences/The Royal Society, 2003, 270:457-466.

[21] Albert R, Barabasi A L. Statistical mechanics of complex networks. Reviews of Modern Physics, 2002, 74:47-97.

[22] Sprinzak E, Sattath S, Margalit H. How reliable are experimental protein-protein interaction data? Journal of Molecular Biology, 2003, 327:919-923.

[23] Seidman S B. Network structure and minimum degree. Social Networks, 1983, 5:269-287.

[24] Watts D J, Strogatz S H. Collective dynamics of "small-world" networks. Nature, 1998, 393:440-442.

[25] Barabasi A L, Albert R. Emergence of scaling in random networks. Science, 1999, 286:509-511.

[26] Barabasi A L, Oltvai Z N. Network biology: understanding the cell's functional organization. Nature Reviews: Genetics, 2004, 5:101-113.

[27] Ravasz E, Somera A L, Mongru D A, Oltvai Z N, Barabasi A L. Hierarchical organization of modularity in metabolic networks. Science, 2002, 297:1551-1555.

[28] Giot L, et al. A protein interaction map of Drosophila melanogaster. Science, 2003, 302:1727-1736.

[29] Jeong H, Mason S P, Barabasi A L, Oltvai Z N. Lethality and centrality in protein networks. Nature, 2001, 411:41-42.

[30] Li S, et al. A map of the interactome network of the metazoan. Science, 2004, 303:540-543.

[31] Wagner A. The yeast protein interaction network evolves rapidly and contains few redundant duplicate genes. Molecular Biology and Evolution, 2001,18:1283-1292.

[32] Milgram S. The small world problem. Psychology Today,1967,2:60.

[33] Newman M E. Network construction and fundamental results. Proceedings of the National Academy of Sciences,2001,98:404-409.

[34] Sigman M, Cecchi G A. Global organization of the Wordnet lexicon. Proceedings of the National Academy of Sciences,2002,99:1742-1747.

[35] Fell D A, Wagner A. The small world of metabolism. Nature Biotechnology, 2000,18:1121-1122.

[36] Sole R V, Pastor-Satorras R, Smith E, Kepler T B. A model of large-scale proteome evolution. Advances in Complex Systems,2002,5:43-54.

[37] Chung F, Lu L. The average distances in random graphs with given expected degrees. Proceedings of the National Academy of Sciences, 2002, 99: 15879-15882.

[38] Cohen R, Havlin S. Scale-free networks are ultra small. Physical Review Letters,2003,90:58-701.

[39] Maslov S, Sneppen K. Specificity and stability in topology of protein networks. Science,2002,296:910-913.

[40] Bonacich P. Power and centrality: a family of measures. American Journal of Sociology,1987,92(5):1170-1182.

[41] Brin S, Page L. The anatomy of a large-scale hypertextual web search engine. Computer Networks and ISDN Systems,1998,30:107-117.

[42] Estrada E, Velazquez R. Subgraph centrality in complex networks. Physical Review E,2005:56-103.

[43] Freeman L C. A set of measures of centrality based on betweenness. Sociometry,1979,40:35-41.

[44] Newman M E J. A measure of betweenness centrallity on random walks. arXiv:condmat,1:0309045,Sep. 2003.

[45] Sabidussi G. The centrality index of a graph. Psychometrika, 1966, 31: 581-603.

[46] Newman M E J. Scientific collaboration networks: shortest paths, weighted networks and centrality. Physical Review E,2001,E64:016132.

[47] Girvan M, Newman M E J. Community structure in social and biological networks. Proceedings of the National Academy of Sciences, 2002, 99(12): 7821-7826.

[48] Holme P, Huss M, Jeong H. Subnetwork hierarchies of biochemical pathways. Bioinformatics, 2003, 19: 532-538.

[49] Chen J, Yuan B. Detecting functional modules in the yeast protein-protein interaction network. Bioinformatics, 2006, 22(18): 2283-2290.

[50] Albert R, Jeong H, Barabasi A L. Error and attack tolerance of complex networks. Nature, 2000, 406: 378-482.

[51] Hahn M W, Kern A D. Comparative genomics of centrality and essentiality in three eukaryotic protein-interaction networks. Molecular Biology and Evolution, 2004, 22: 803-806.

[52] Estrada E. Virtual identification of essential proteins within the protein interaction network of yeast. Proteomics, 2006, 6: 35-40.

[53] Palumbo M, Colosimo A, Giuliani A, Farina L. Functional essentiality from topology features in metabolic networks: a case study in yeast. Federation of European Biochemical Societies Letters, 2005: 4642-4646.

[54] Guimera R, Amaral L A N. Functional cartography of complex metabolic networks. Nature, 2005, 433: 895-900.

[55] Schwikowski B, Uetz P, Fields S. A network of protein-protein interactions in yeast. Nature Biotechnology, 2000, 18: 1257-1261.

[56] Spirin V, Mirny L A. Protein complexes and functional modules in molecular networks. Proceedings of the National Academy of Sciences, 2003, 100(21): 12123-12128.

[57] Bu D, et al. Topological structure analysis of the protein-protein interaction network in budding yeast. Nucleic Acid Research, 2003, 31(9): 2443-2450.

[58] Altaf-Ul-Amin M, Shinbo Y, Mihara K, Kurokawa K, Kanaya S. Development and implementation of an algorithm for detection of protein complexes in large interaction networks. BMC Bioinformatics, 2006, 7(207).

[59] Bader G D, Hogue C W. An automated method for finding molecular complexes in large protein interaction networks. BMC Bioinformatics, 2003, 4(2).

[60] Pei P, Zhang A. A "seed-refine" algorithm for detecting protein complexes

from protein interaction data. IEEE Transactions on Nanobioscience, 2007, 6(1):43-50.

[61] Tanay A, Sharan R, Kupiec M, Shamir R. Revealing modularity and organization in the yeast molecular network by integrated analysis of highly heterogeneous genomewide data. Proceedings of the National Academy of Sciences, 2004, 101(9):2981-2986.

[62] Arnau V, Mars S, Marin I. Iterative cluster analysis of protein interaction data. Bioinformatics, 2005, 21(3):364-378.

[63] Rives A W, Galitski T. Modular organization of cellular networks. Proceedings of the National Academy of Sciences, 2003, 100(3):1128-1133.

[64] Ashburner M, et al. Gene ontology: tool for the unification of biology. The Gene Ontology Consortium. Nature Genetics, 2000, 25:25-29.

[65] King A D, Przulj N, Jurisica I. Protein complex prediction via cost-based clustering. Bioinformatics, 2004, 20(17):3013-3020.

[66] Samanta M P, Liang S. Predicting protein functions from redundancies in largescale protein interaction networks. Proceedings of the National Academy of Sciences, 2003, 100(22):12579-12583.

[67] Hwang W, Kim T, Ramanathan M, Zhang A. Bridging centrality: graph mining from element level to group level. Proceedings of the 14th ACM SIGKDD International Conference on Knowledge Discovery & Data Mining (KDD08), 2008:336-344.

[68] Hwang W, Ramanathan M, Zhang A. Identification of information flow modulating drug targets: a novel bridging paradigm for drug discovery. Clinical Pharmacology and Therapeutics, 84(5):563-572.

[69] Hishigaki H, Nakai K, Ono T, Tanigami A, Takagi T. Assessment of prediction accuracy of protein function from protein-protein interaction data. Yeast, 2001, 18:523-531.

[70] Deng M, Zhang K, Mehta S, Chen T, Sun F. Prediction of protein function using protein-protein interaction data. Journal of Computational Biology, 2003, 10(6):947-960.

[71] Letovsky S, Kasif S. Predicting protein function from protein/protein interaction data: a probabilistic approach. Bioinformatics, 2003, 19:i197-i204.

[72] Lin C, Jiang D, Zhang A. Prediction of protein function using common

neighbors in protein-protein interaction networks. In Proceedings of IEEE 6th Symposium on Bioinformatics and Bioengineering (BIBE), 2006: 251-260.

[73] Deng M, Tu Z, Sun F, Chen T. Mapping gene ontology to proteins based on protein-protein interaction data. Bioinformatics, 2004, 20(6): 895-902.

[74] Kanehisa M, Goto S. KEGG: kyoto encyclopedia of genes and genomes. Nucleic Acids Res, 2000, 28: 27-30.

[75] Tyson J J, Chen K, Novak B. Network dynamics and cell physiology. Nat RevMol Cell Biol, 2001, 2: 908-916.

[76] Tyson J J, Chen K C, Novak B. Sniffers, buzzers, toggles and blinkers: dynamics of regulatory and signaling pathways in the cell. Curr OpinCell Biol 2003, 15: 221-231.

[77] de Jong H. Modeling and simulation of genetic regulatory systems: a literature review. J Comput Biol 2002, 9: 67-103.

[78] Ruths D, Muller M, Tseng J T, et al. The signaling petri netbased simulator: a non-parametric strategy for characterizing the dynamics of cell-specific signaling networks. PloS Comput Biol, 2008, 4: e1000005.

[79] Zielinski R, Przytycki P F, Zheng J, et al. The crosstalk between EGF, IGF, and Insulin cell signaling pathways—computational and experimental analysis. BMC Syst Biol, 2009, 3: 88.

[80] Rubinstein A, Gurevich V, Kasulin-Boneh Z, et al. Faithful modeling of transient expression and its application to elucidating negative feedback regulation. Proc Natl Acad Sci USA, 2007, 104: 6241-6.

[81] Aldridge B B, Saez-Rodriguez J, Muhlich J L, et al. Fuzzy logic analysis of kinase pathway crosstalk in TNF/EGF/insulin-induced signaling. PLoS Comput Biol, 2009, 5: e1000340.

[82] Thakar J, Pilione M, Kirimanjeswara G, et al. Modeling systems-level regulation of host immune responses. PloS Comput Biol, 2007, 3: e109.

[83] De Jong H, Gouze J L, Hernandez C, et al. Qualitative simulation of genetic regulatory networks using piecewise-linear models. BullMath Biol, 2004, 66: 301-40.

[84] Albert I, Thakar J, Li S, et al. Boolean network simulations for life scientists. SourceCode BiolMed, 2008, 3: 16.

[85] Zhang R, Shah M V, Yang J, et al. Network model of survival signaling in large granular lymphocyte leukemia. Proc Natl Acad Sci USA, 2008, 105: 16308-13.

[86] Doherty J M, Carmichael L K, Mills J C. GOurmet: A tool for quantitative comparison and visualization of gene expression profiles based on gene ontology (GO) distributions. BMC Bioinformatics, 2006, 7(151).

[87] Fang Z, Yang J, Li Y, Luo Q, Liu L. Knowledge guided analysis of microarray data. Journal of Biomedical Informatics, 2006, 39: 401-411.

[88] Hvidsten T R, Lagreid A, Komorowski J. Learning rule-based models of biological process from gene expression time profiles using Gene Ontology. Bioinformatics, 2003, 19(9): 1116-1123.

[89] Cho Y R, Hwang W, Zhang A. Modularization of protein interaction networks by incorporating Gene Ontology annotations. Proceedings of IEEE Symposium on Computational Intelligence in Bioinformatics and Computational Biology(CIBCB), 2007: 233-238.

[90] Cho Y R, Hwang W, Ramanathan M, Zhang A. Semantic integration to identify overlapping functional modules in protein interaction networks. BMC Bioinformatics, 2007, 8(265).

[91] Tornow S, Mewes H W. Functional modules by relating protein interaction networks and gene expression. Nucleic Acids Research, 2003, 31(21): 6283-6289.

[92] Agrawal H. Extreme self-organization in networks constructed from gene expression data. Physical Review Letters, 2002, 89: 268702-268706.

[93] Swendsen R H, Wang J S. Nonuniversial critical dynamics in Monte Carlo simulations. Physical Review Letters, 1987, 58: 86-88.

[94] Deng M, Mehta S, Sun F, Chen T. Inferring domain-domain interactions from protein-protein interactions. Genome Research, 2002, 12: 1540-1548.

[95] Marcotte E M, Pellegrini M, Ng H L, Rice D W, Yeates T O, Eisenberg D. Detecting protein function and protein-protein interactions from genome sequences. Science, 1999, 285: 751-753.

[96] Kim W K, Park J, Suh J K. Large scale statistical prediction of protein protein interaction by potentially interacting domain (PID) pair. Genome Informatics, 2002, 13: 42-50.

[97] Chen X, Liu M, Ward R. Protein function assignment through mining crossspecies protein protein interactions. PLoS ONE, 2008, 3(2): e1562.

[98] Bateman A, Coin L, Durbin R, Finn R D, Hollich V. The Pfam protein families database. Nucleic Acids Research, 2004, 32: D138-D141.

[99] Jansen R, Yu H, Greenbaum D, Kluger Y, Krogan N J, Chung S, Emili A, Snyder M, Greenblatt J F, Gerstein M. A Bayesian networks approach for predicting protein-protein interactions from genomic data. Science, 2003, 302: 449-453.

[100] Karaoz U, Murali T M, Letovsky S, Zheng Y, Ding C, Cantor C R, Kasif S. Whole-genome annotation by using evidence integration in functional-linkage networks. Proceedings of the National Academy of Sciences, 2004, 101(9): 2888-2893.

[101] Nariai N, Kasif S. Context specific protein function prediction. Genome Informatics, 2007, 18: 173-82.

[102] Breitkreutz B J, Stark C, Tyers M. The GRID: the general repository for interaction datasets. Genome Biology, 2003, 4(3): R23.

[103] Mewes H W, et al. MIPS: analysis and annotation of proteins from whole genome in 2005. Nucleic Acid Research, 2006, 34: D169-D172.

[104] Domingos P, Pazzani M. Onthe optimality of the simple Bayesian classifier under zero-one loss. Machine Learning, 1997, 29: 103-130.

[105] Troyanskaya O G, Dolinski K, Owen A B, Altman R B, Botstein D. A Bayesian framework for combining heterogeneous data sources for gene function prediction (in Saccharomyces cerevisiae). Proceedings of the NationalAcademy of Sciences, 2003, 100(14): 8348-8353.

[106] Chen Y, Xu D. Global protein function annotation through mining genome-scale data in yeast Saccharomyces cerevisiae. Nucleic Acids Research, 2004, 32(21): 6414-6424.

[107] Lanckriet G R G, Deng M, Cristianini N, Jordan M I, Noble W S. Kernel-based data fusion and its application to protein function prediction in yeast. Pacific Symposium on Biocomputing, 2004, 9.

[108] Barutcuoglu Z, Schapire R E, Troyanskaya O G. Hierarchical multi-label prediction of gene function. Bioinformatics, 2006, 22: 830-836.

[109] Friedman L, Ostermeyer E, Szabo C, Dowd P, Lynch E, Rowell S, King M.

Confirmation of brca1 lay analysis of germline mutations linked to breast and ovarian-cancer in 10 families,Nature genetics,1994,8(4): 399-404.

[110] Oldenburg R A, Meijers-Heijboer H, Cornelisse C J, Devilee P. Genetic susceptibility for breast cancer: How many more genes to be found? Critical Reviews in Oncology Hematology,2007,63(2): 125-149.

[111] http://www.cancer.gov/cancertopics/alphalist.

[112] Mardis E R. The impact of next-generation sequencing technology on genetics. Trends Genet,2007,24:133-141.

[113] McCarthy M I, Abecasis G R, Cardon L R, Goldstein D B, Little J, Ioannidis J P, Hirschhorn J N. Genomewide association studies for complex traits: consensus, uncertainty and challenges. Nat Rev Genet, 2008, 9: 356-369.

[114] Frazer K A, Murray S S, Schork N J, Topol E J. Human genetic variation and its contribution to complex traits. Nat Rev Genet,2009,10:241-251.

[115] Tarpey P S, Smith R, Pleasance E, et al. A systematic, large-scale resequencing screen of X-chromosome coding exons in mental retardation. Nat Genet,2009,41:535-543.

[116] Venables J P. Downstream intronic splicing enhancers. FEBS Lett,2007, 581:4127-4131.

[117] Piro R M, Ala U, Molineris I, Grassi E, Bracco C, Perego GP, Provero P, Di Cunto F. An atlas of tissue-specific conserved coexpression for functional annotation and disease gene prediction. Eur J Hum Genet, 2011, 19: 1173-1180.

[118] Goldstein, D. B. Common genetic variation and human traits. N. Engl. J. Med,2009,360:1696-1698.

[119] Schadt E E. Molecular networks as sensors and drivers of common human diseases. Nature,2009,461:218-223.

[120] Franke L,et al. TEAM: a tool for the integration of expression, and linkage and association maps. Eur J Hum Genet,2004,12:633-638.

[121] Bush W S, Dudek S M, Ritchie M D. Biofilter: a knowledge-integration system for the multi-locus analysis of genome-wide association studies. Pac Symp Biocomput,2009,14:368-379.

[122] Krallinger M, Valencia A, Hirschman L. Linking genes to literature: text

mining, information extraction, and retrieval applications for biology. Genome Biol, 2008, 9(S8).

[123] Winnenburg R, Wächter T, Plake C, Doms A, Schroeder M. Facts from text: can text mining help to scale-up high-quality manual curation of gene products with ontologies? Brief. Bioinformat, 2008, 9: 466-478.

[124] Yu W, Wulf A, Liu T, Khoury M J, Gwinn M. Gene Prospector: an evidence gateway for evaluating potential susceptibility genes and interacting risk factors for human diseases. BMC Bioinformat, 2008, 9: 528.

[125] Van Vooren S, et al. Mapping biomedical concepts onto the human genome by mining literature on chromosomal aberrations. Nucleic Acids Res, 2007, 35: 2533-2543.

[126] Kowald A, Schmeier S. Data Mining in Proteomics. Inform Retrieval, 696: 305-318 (Humana Press, 2011).

[127] Aerts S, et al. Gene prioritization through genomic data fusion. Nature Biotech, 2006, 24: 537-544.

[128] van Driel M A, Cuelenaere K, Kemmeren P P C W, Leunissen J A M, Brunner H G. A new web-based data mining tool for the identification of candidate genes for human genetic disorders. Eur J Hum Genet, 2003, 11: 57-63.

[129] Tranchevent L C, et al. ENDEAVOUR update: a web resource for gene prioritization in multiple species. Nucleic Acids Res, 2008, 36: W377-W384.

[130] Seelow D, Schwarz J M, Schuelke M. GeneDistiller-distilling candidate genes from linkage intervals. PLoS ONE, 2008, 3: e3874.

[131] Tiffin N, Andrade-Navarro M A, Perez-Iratxeta C. Linking genes to diseases: it's all in the data. Genome Med, 2009, 1: 77.

[132] Chen J, Bardes E E, Aronow B J, Jegga A G. ToppGene Suite for gene list enrichment analysis and candidate gene prioritization. Nucleic Acids Res, 2009, 37: W305-W311.

[133] Britto R, et al. GPSy: a cross-species gene prioritization system for conserved biological processes-application in male gamete development. Nucleic Acids Res, 8 May 2012 (doi: 10.1093/nar/gks380).

[134] Ideker T, Sharan R. Protein networks in disease. Genome Res, 2008, 18: 644-652.

[135] Rual J F, et al. Towards a proteome-scale map of the human protein-pro-

tein interaction network. Nature,2005,437:1173-1178.

[136] Stelzl U, et al. A human protein-protein interaction network: a resource for annotating the proteome. Cell,2005,122:957-968.

[137] Jeong H, et al. The large-scale organization of metabolic networks. Nature, 2000,407:651-654.

[138] Fell D A, Wagner A. The small world of metabolism. Nature Biotech, 2000,18:1121-1122.

[139] Duarte N C, et al. Global reconstruction of the human metabolic network based on genomic and bibliomic data. Proc Natl Acad Sci USA,2007,104: 1777-1782.

[140] Carninci P, et al. The transcriptional landscape of the mammalian genome. Science,2005,309:1559-1563.

[141] Boone C, Bussey H, Andrews B J. Exploring genetic interactions and networks with yeast. Nature Rev Genet,2007,8:437-449.

[142] Beltrao P, Cagney G, Krogan N. Quantitative genetic interactions reveal biological modularity. Cell,2010,141:739-745.

[143] Amberger J, Bocchini C A, Scott A F, Hamosh A. McKusick's online mendelian inheritance in man (OMIM). Nucleic Acids Res, 2009, 37: D793-D796.

[144] Wachi S, Yoneda K, Wu R. Interactometranscriptome analysis reveals the high centrality of genes differentially expressed in lung cancer tissues. Bioinformatics,2005,21:4205-4208.

[145] Jonsson P F, Bates P A. Global topological features of cancer proteins in the human interactome. Bioinformatics,2006,22:2291-2297.

[146] Hartwell L H, Hopfield J J, Murray A W. From molecular to modular cell biology. Nature,1999,402:C47-C52.

[147] Goh K I, et al. The human disease network. Proc Natl Acad Sci USA, 2007,104:8685-8690.

[148] Oti M, et al. Predicting disease genes using proteinprotein interactions. J Med Genet,2006,43:691-698.

[149] Xu J, Li Y. Discovering disease-genes by topological features in human protein-protein interaction network. Bioinformatics,2006,22:2800-2805.

[150] Gandhi T, et al. Analysis of the human protein interactome and comparison

with yeast, worm and fly interaction datasets. Nature Genet, 2006, 38: 285-293.

[151] Girvan M, Newman M E. Community structure in social and biological networks. Proc Natl Acad Sci USA, 2002, 99: 7821-7826.

[152] Palla G, Derényi I, Farkas I, Vicsek T. Uncovering the overlapping community structure of complex networks in nature and society. Nature, 2005, 435: 814-818.

[153] Ahn Y Y, Bagrow J P, Lehmann S. Link communities reveal multiscale complexity in networks. Nature, 2010, 466: 761-764.

[154] Enright A J, Van Dongen S, Ouzounis C A. An efficient algorithm for large-scale detection of protein families. Nucleic Acids Res, 2002, 30: 1575-1584.

[155] Ravasz E, Somera A L, Mongru D A, Oltvai Z N, Barabási A L. Hierarchical organization of modularity in metabolic networks. Science, 2002, 297: 1551-1555.

[156] Krauthammer M, et al. Molecular triangulation: bridging linkage and molecular-network information for identifying candidate genes in Alzheimer's disease. Proc Natl Acad Sci USA, 2004, 101: 15148-15153.

[157] Franke L, et al. Reconstruction of a functional human gene network, with an application for prioritizing positional candidate genes. Am J Hum Genet, 2006, 78: 1011-1025.

[158] Iossifov I, Zheng T, Baron M, Gilliam T C, Rzhetsky A. Genetic-linkage mapping of complex hereditary disorders to a whole-genome molecularinteraction network. Genome Res, 2008, 18: 1150-1162.

[159] Navlakha S, Kingsford C. The power of protein interaction networks for associating genes with diseases. Bioinformatics, 2010, 26: 1057-1063.

[160] Lage K, et al. A human phenome-interactome network of protein complexes implicated in genetic disorders. Nature Biotech, 2007, 25: 309-316.

[161] Lee E, et al. Analysis of AML genes in dysregulated molecular networks. BMC Bioinformatics, 2009, 10: S2.

[162] Bonifaci N, et al. Biological processes, properties and molecular wiring diagrams of candidate low-penetrance breast cancer susceptibility genes. BMC Med Genomics, 2008, 1: 62.

[163] Heiser L M, et al. Integrated analysis of breast cancer cell lines reveals unique signaling pathways. Genome Biol, 2009, 10: R31.

[164] Chuang H Y, et al. Network-based classification of breast cancer metastasis Mol Syst Biol, 2007, 3: 140.

[165] Nibbe R K, et al. Discovery and scoring of protein interaction subnetworks discriminative of late stage human colon cancer. Mol Cell Proteomics, 2009, 8: 827-845.

[166] Chang W, et al. Identification of novel hub genes associated with liver metastasis of gastric cancer. Int J Cancer, 2009, 125: 2844-2853.

[167] Ergün A, Lawrence C A, Kohanski M A, Brennan T A, Collins J J. A network biology approach to prostate cancer. Mol Syst Biol, 2007, 3: 82.

[168] Taylor I W, et al. Dynamic modularity in protein interaction networks predicts breast cancer outcome. Nature Biotech, 2009, 27: 199-204.

[169] Moran L B, Graeber M B. Towards a pathway definition of Parkinson's disease: a complex disorder with links to cancer, diabetes and inflammation. Neurogenetics, 2008, 9: 1-13.

[170] Ray M, Ruan J, Zhang W. Variations in the transcriptome of Alzheimer's disease reveal molecular networks involved in cardiovascular diseases. Genome Biol, 2008, 9: R148.

[171] Hwang D, et al. A systems approach to prion disease. Mol Syst Biol, 2009, 5: 252.

[172] Wheelock C E, et al. Systems biology approaches and pathway tools for investigating cardiovascular disease. Mol Biosyst, 2009, 5: 588-602.

[173] Calvano S E, et al. A network-based analysis of systemic inflammation. Nature, 2005, 437: 1032-1037.

[174] Iliopoulos D, et al. Integrative microRNA and proteomic approaches identify novel osteoarthritis genes andtheir collaborative metabolic and inflammatory networks. PLoS ONE, 2008, 3: e3740.

[175] Chen Y, et al. Variations in DNA elucidate molecular networks that cause disease. Nature, 2008, 452: 429-435.

[176] Emilsson V, et al. Genetics of gene expression and its effect on disease. Nature, 2008, 452: 423-428.

[177] Dobrin R, et al. Multi-tissue coexpression networks reveal unexpected sub-

networks associated with disease. Genome Biol,2009,10:R55.

[178] Hwang S,et al. A protein interaction network associated with asthma. J Theor Biol,2008,252:722-731.

[179] Liu M,et al. Network-based analysis of affected biological processes in type 2 diabetes models. PLoS Genet,2007,3:e96.

[180] Presson A P,et al. Integrated weighted gene co-expression network analysis with an application to chronic fatigue syndrome. BMC Syst Biol,2008,2:95.

[181] Uetz P,et al. Herpesviral protein networks and their interaction with the human proteome. Science,2006,311:239-242.

[182] Calderwood M A,et al. Epstein-Barr virus and virus human protein interaction maps. Proc Natl Acad Sci USA,2007,104:7606-7611.

[183] Bordbar A,Lewis N E,Schellenberger J,Palsson B,Jamshidi N. Insight into human alveolar macrophage and M. tuberculosis interactions via metabolic reconstructions. Mol Syst Biol,2010,6:422.

[184] Turnbaugh P J,Gordon J I. An invitation to the marriage of metagenomics and metabolomics. Cell,2008,134:708-713.

[185] Goehler H,et al. A protein interaction network links GIT1,an enhancer of huntingtin aggregation, to Huntington's disease. Mol Cell, 2004, 15:853-865.

[186] Lim J,et al. A Protein-protein interaction network for human inherited ataxias and disorders of Purkinje cell degeneration. Cell, 2006, 125:801-814.

[187] Pujana M A,et al. Network modeling links breast cancer susceptibility and centrosome dysfunction. Nature Genetics,2007,39:1338-1349.

[188] Camargo L M,et al. Disrupted in Schizophrenia 1 Interactome: evidence for the close connectivity of risk genes and a potential synaptic basis for schizophrenia. Mol Psychiatry,2007,12:74-86.

[189] Kohler S,et al. Walking the interactome for prioritization of candidate disease genes. Am J Hum Genet,2008,82:949-958.

[190] Vanunu O,et al. Associating genes and protein complexes with disease via network propagation. PLoS Comput Biol,2010,6:e1000641.

[191] Oti M,Ballouz S,Wouters M A. Web tools for the prioritization of candi-

date disease genes. Methods Mol Biol,2011,760:189-206.

[192] Thornblad T A,Elliott K S,Jowett J,Visscher P M. Prioritization of positional candidate genes using multiple web-based software tools. Twin Res Hum Genet,2007,10:861-870.

[193] Perez-Iratxeta C,Wjst M,Bork P,Andrade M A. G2D: a tool for mining genes associated with disease. BMC Genet,2005,6:45.

[194] Franke L,et al. Reconstruction of a functional human gene network,with an application for prioritizing positional candidate genes. Am J Hum Genet,2006,78:1011-1025.

[195] Hutz J E,Kraja A T,McLeod H L,Province M A. CANDID: a flexible method for prioritizing candidate genes for complex human traits. Genet Epidemiol,2008,32:779-790.

[196] Cheng D,et al. PolySearch:a web-based text mining system for extracting relationships between human diseases,genes,mutations,drugs and metabolites. Nucleic Acids Res,2008,36:W399-W405.

[197] Tiffin N, et al. Computational disease gene identification: a concert of methods prioritizes type 2 diabetes and obesity candidate genes. Nucleic Acids Res,2006,34:3067-3081.

[198] Teber E T,Liu J Y,Ballouz S,Fatkin D,Wouters M A. Comparison of automated candidate gene prediction systems using genes implicated in type 2 diabetes by genome-wide association studies. BMC Bioinformatics, 2009, 10:S69.

[199] Elbers C C,et al. A strategy to search for common obesity and type 2 diabetes genes. Trends Endocrinol Metab,2007,18:19-26.

[200] Moreau Y,Tranchevent L C. Computational tools for prioritizing candidate genes: boosting disease gene discovery. Nat Rev Genet,2012,13:523-536.

[201] Jin R,Mccallen S,Liu C,Xiang Y,Almaas E,Zhou X H. Identify Dynamic Network Modules with Temporal and Spatial Constraints. Proc Pacific Symp Biocomputing(PSB),14:203-214.

[202] Przytycka T M,Singh M,Slonim D K. Toward the dynamic interactome: it's about time. Brief Bioinform,2010,11:15-29.

[203] Tu B P,Kudlicki A,Rowicka M,McKnight S L. Logic of the yeast metabolic cycle: temporal compartmentalization of cellular processes. Science,

2005,310:1152-1158.

[204] Simon I, Siegfried Z, Ernst J, Bar-Joseph Z. Combined static and dynamic analysis for determining the quality of time-Series expression profiles. Nature Biotechnology 2005,23(12):1503-1508.

[205] Han J D J, Bertin N, Hao T, Goldberg D S, Berriz G F, Zhang LV, Dupuy D, Walhout A J M, Cusick M E, Roth F P, Vidal M. Evidence for dynamically organized modularity in the yeast protein-protein interaction network. Nature,2004,430(6995):88-93.

[206] de Lichtenberg U, Jensen L J, Brunak S, Bork P. Dynamic complex formation during the yeast cell cycle. Science,2005,307:724-727.

[207] Qi Y, Ge H. Modularity and dynamics of cellular networks. PloS Computational Biology,2006,2:1502-1510.

[208] Li X L, Wu M, Kwoh C K, Ng S K. Computational approaches for detecting protein complexes from protein interaction networks: a survey. BMC Genomics,2010,11(suppl+1):S3.

[209] Ashburner M, Ball C A, Blake J A, Botstein D, Butler H, Cherry J M, Davis A P, Dolinski K, Dwight S S, Eppig J T, Harris M A, Hill D P, Issel-Tarver L, Kasarskis A, Lewis S, Matese J C, Richardson J E, Ringwald M, Rubin G M, Sherlock G. Gene Ontology: tool for the unification of biology. The Gene Ontology Consortium. Nat Genet,2000,25(1):25-29.

[210] Song J, Singh M. How and when should interactome-derived clusters be used to predict functional modules and protein function? BMC Bioinformatics,2009,25(23):3143-3150.

[211] Enright A J, Van Dongen S, Ouzounis C A. An e cient algorithm for largescale detection of protein families. Nucleic Acids Research,2002,30(7):1575-1584.

[212] Bader G D, Hogue C W. An automated method for finding molecular complexes in large protein interaction networks. BMC Bioinformatics,2003,4(2).

[213] Freeman T C, Goldovsky L, Brosch M, van Dongen S, Mazi'ere P, Grocock R J, Freilich S, Thornton J, Enright A J. Construction, visualization, and clustering of transcription networks from microarray expression data. PLoS Computational Biology,2007,3(10):e206.

[214] Ala U, Piro R M, Grassi E, Damasco C, Silengo L, Oti M, Provero P, Cunto F D. Prediction of human disease genes by humanmouse conserved coexpression analysis. PLoS Computational Biology, 2008, 4(3): e1000043.

[215] Butte A J, Tamayo P, Slonim D, Golub T R, Kohane I S. Discovering functional relationships between RNA expression and chemotherapeutic susceptibility using relevance networks. Proceedings of the National Academy of Sciences of the United States of America, 2000, 97(22): 12182-12186.

[216] Voy B H, Schar J A, Perkins A D, Saxton A M, Borate B, Chesler E J, Branstetter L K, Langston M A. Extracting gene networks for low-dose radiation using graph theoretical algorithms. PloS Computational Biology, 2006, 2(7): e89.

[217] Lee H K, Hsu A K, Sajdak J, Qin J, Pavlidis P. Coexpression analysis of human genes across many microarray data sets. Genome Research, 2004, 14: 1085-1094.

[218] Moriyama M, Hoshida Y, Otsuka M, Nishimura S, Kato N, Goto T, Taniguchi H, Shiratori Y, Seki N, Omata M. Relevance network between chemosensitivity and transcriptome in human hepatoma cells. Molecular Cancer Therapeutics, 2003, 2: 199-205.

[219] Brohée S, van Helden J. Evaluation of clustering algorithms for proteinprotein interaction networks. BMC Bioinformatics, 2006, 7: 488.

[220] Blatt M, Wiseman S, Domany E. Superparamagnetic clustering of data. Physical Review, 1998, 57(4): 3767-3783.

[221] King A D, Przulj N, Jurisica I. Protein complex prediction via cost-based clustering. Bioinformatics, 2004, 20(17): 3013-3020.

[222] Vlasblom J, Wodak S. Markov clustering versus affinity propagation for the partitioning of protein interaction graphs. BMC Bioinformatics, 2009, 10: 99.

[223] Wu M, Li XL, Kwoh K. Algorithms for detecting protein complexes in PPI networks: an evaluation study. (Supplementary paper presented at) International Conference on Pattern Recognition in Bioinformatics (PRIB), 2008 Oct 15-17; Melbourne, Australia, 2008: 135-146.

[224] Pu S, Wong J, Turner B, Cho E, Wodak S J. Up-to-date catalogues of yeast protein complexes. Nucleic Acids Res, 2009, 37(3): 825-831.

[225] Altaf-Ul-Amin M, Shinbo Y, Mihara K, Kurokawa K, Kanaya S. Development and implementation of an algorithm for detection of protein complexes in large interaction networks. BMC Bioinformatics, 2006, 7: 207-219.

[226] Hu H, Yan X, Huang Y, Han J, Zhou X. Mining coherent dense subgraphs across massive biological networks for functional discovery. Bioinformatics, 2005, 21(suppl 1): 213-221.

[227] Boyle E I, Weng S, Gollub J, Jin H, Botstein D, Cherry J M, Sherlock G. GO: : TermFinder——open source software for accessing Gene Ontology information and finding significantly enriched Gene Ontology terms associated with a list of genes. Bioinformatics, 2004, 20(18): 3710-3715.

[228] Daraselia N, Yuryev A, Egorov S, Mazo I, Ispolatov I. Automatic extraction of gene ontology annotation and its correlation with clusters in protein networks. BMC Bioinformatics, 2007, 8: 243.

[229] Maraziotis I A, Dimitrakopoulou K, Bezerianos A. Growing functional modules from a seed protein via integration of protein interaction and gene expression data. BMC Bioinformatics, 2007, 8: 408.

[230] Gerdes S Y, Scholle M D, Campbell J W, et al. Experimental determination and system level analysis of essential genes in Escherichia coli MG1655. Journal of bacteriology, 2003, 185(19): 5673-5684.

[231] Zhang R, Lin Y. DEG 5.0, a database of essential genes in both prokaryotes and eukaryotes. Nucleic acids research, 2009, 37(suppl 1): D455-D458.

[232] Koonin E V. How many genes can make a cell: The minimal-gene-Set concept 1. Annual review of genomics and human genetics, 2000, 1(1): 99-116.

[233] Henkel J, Maurer S M. Parts, property and sharing. Nature Biotechnology, 2009, 27(12): 1095-1098.

[234] de S Cameron N M, Caplan A. Our synthetic future. Nature Biotechnology, 2009, 27(12): 1103-1105.

[235] Re C, Bott T, El M, et al. Synthetic genome brings new life to bacterium. Science, 2007, 18(965): 958-959.

[236] Zhao B, Wang J, Li M, et al. Detecting protein complexes based on uncertain graph model. IEEE/ACM Transactions on Computational Biology and Bioinformatics, 2014, 11(3): 486-497.

[237] Acencio M L, Lemke N. Towards the prediction of essential genes by inte-

gration of network topology, cellular localization and biological process information. BMC Bioinforma,2009,10(290):1-18.

[238] Furney S J, Alba M, Loez-Bigas N. Differences in the evolutionary history of disease genes affected by dominant or recessive mutations. BMC Genomics,2006,7(1):1-11.

[239] Kondrashov F A, Ogurtsov A Y, Kondrashov A S. Bioinformatical assay of human gene morbidity. Nucl Acids Res,2004,32(5):1731-1737.

[240] Steinmetz L M, Scharfe C, Deutschbauer A M, Mokranjac D, Herman ZS, et al. Systematic screen for human disease genes in yeast. Nature Gene, 2002,31(4):400-404.

[241] Lamichhane G, Zignol M, Blades N J, Geiman D E, Dougherty A, Grosset J, Broman K W, Bishai W R. A postgenomic method for predicting essential genes at subsaturation levels of mutagenesis: application to Mycobacterium tuberculosis. PNAS,2003,100(12):7213-7218.

[242] Becker S A, Palsson B O. Genome-scale reconstruction of the metabolic network in Staphylococcus aureus N315: an initial draft to the twodimensional annotation. BMC Microbiol,2005,5(1):1-12.

[243] Giaever G, Chu A M, Ni L, et al. Functional profiling of the Saccharomyces cerevisiae genome. Nature,2002,418(6896):387-391.

[244] Cullen L M, Arndt G M. Genome-wide screening for gene function using RNAi in mammalian cells. Immunology and Cell Biology,2005,83(3):217-223.

[245] Roemer T, Jiang B, Davison J, et al. Large-scale essential gene identification in Candida albicans and applications to antifungal drug discovery. Molecular Microbiology,2003,50(1):167-181.

[246] Ito T, Chiba T, Ozawa R, Yoshida M, Hattori M, Sakaki Y. A comprehensive two-hybrid analysis to explore the yeast protein interactome. PNAS, 2001,98(8):4569-4574.

[247] Puig O, Caspary F, Rigaut G, Rutz B, Bouveret E, Bragado-Nilsson E, Wilm M, Seraphin B. The tandem affinity purification method: a general procedure of protein complex purification. Methods,2001,24(3):218-229.

[248] Gavin A C, Bosche M, Krause R, Grandi P, Marzioch M, Bauer A, Schultz J, Rick J M, Michon A M, Cruciat C M, et al. Functional organization of the

yeast proteome by systematic analysis of protein complexes. Nature,2002, 415(6868):141-147.

[249] Ho Y,Gruhler A,Heilbut A,Bader G D,Moore L,Adams S L,Millar A, Taylor P,Bennett K,Boutilier K,Yang L,et al. Systematic identification of protein complexes in Saccharomyces cerevisiae by mass spectrometry. Nature,2002,415(6868):180-183.

[250] Schena M,Shalon D,Davis R W,Brown P O. Quantitative monitoring of gene expression patterns with a complementary DNA microarray. Science, 1995,270:467-470.

[251] Ramsay G. DNA chips: state-of-the art. Nat Biotechnol,1998,16:40-44.

[252] Jeong H,Mason S P,Barabasi A L,Oltvai Z N. Lethality and centrality in protein networks. Nature,2001,411:41-42.

[253] Pereira-Leal J B,Audit B,Peregrin-Alvarez J M,Ouzounis C A. An exponential core in the heart of the yeast protein intercation network. Molecular biology and evolution,2005,22(3):421-425.

[254] He X,Zhang J. Why do hubs tend to be essential in protein networks? PLoS Genet,2006,2(6):826-834.

[255] Jeong H,Mason S P,Barabosi A L,et al. Lethality and centrality in protein networks. Nature,2001,411(6833):41-42.

[256] Hahn M W,Kern A D. Comparative genomics of centrality and essentiality in three eukaryotic protein-interaction networks. Molecular Biology and Evolution,2005,22(4):803-806.

[257] Joy M P,Brock A,Ingber D E,et al. High-betweenness proteins in the yeast protein interaction network. BioMed Research International,2005, 2005(2):96-103.

[258] Wuchty S,Stadler P F. Centers of complex networks. Journal of Theoretical Biology,2003,223(1):45-53.

[259] Estrada E,Rodriguez-Velazquez J A. Subgraph centrality in complex networks. Physical Review,2005,E71(5):1-9.

[260] Bonacich P. Power and centrality: A family of measures. American Journal of Sociology,1987,92(5):1170-1182.

[261] Stephenson K,Zelen M. Rethinking centrality: Methods and examples. Social Networks,1989,11(1):1-37.

[262] Lin C Y, Chin C H, Wu H H, et al. Hubba: hub objects analyzera framework of interactome hubs identification for network biology. Nucleic acids research, 2008, 36(suppl 2): W438-W443.

[263] Li M, Wang J, Chen X, et al. A local average connectivity-based method for identifying essential proteins from the network level. Computational biology and chemistry, 2011, 35(3): 143-150.

[264] Wang J, Li M, Wang H, et al. Identification of essential proteins based on edge clustering coefficient. Computational Biology and Bioinformatics, IEEE/ACM Transactions on 2012, 9(4): 1070-1080.

[265] Chen J, Yuan B. Detecting functional modules in the yeast protein-protein interaction network. Bioinformatics, 2006, 22: 2283-2290.

[266] Zotenko E, Mestre J, O'Leary DP, et al. Why do hubs in the yeast protein interaction network tend to be essential: reexamining the connection between the network topology and essentiality. PLoS Comput Biol, 2008, 4(8): 1-17.

[267] Ren J, Wang J, Li M, et al. Prediction of essential proteins by integration of PPI network topology and protein complexes information. Bioinformatics Research and Applications. Berlin Heidelberg: Springer, 2011: 12-24.

[268] Peng W, Wang J, Wang W, et al. Iteration method for predicting essential proteins based on orthology and protein-protein interaction networks. BMC Systems Biology, 2012, 6(1): 1-17.

[269] Li M, Wang J X, Wang H, et al. Identification of essential proteins from weighted proteinCprotein interaction networks. Journal of Bioinformatics and Computational Biology, 2013, 11(03): 1-19.

[270] Jiawei L, Shunmin L. A novel essential protein identification algorithm based on the integration of local network topology and gene ontology. Journal of Computational and Theoretical Nanoscience, 2014, 11(3): 619-624.

[271] Tang X, Wang J, Zhong J, et al. Predicting essential proteins based on weighted degree centrality. Computational Biology and Bioinformatics, IEEE/ACM Transactions on 2014, 11(2): 407-418.

[272] Li M, Zhang H, Wang J, et al. A new essential protein discovery method based on the integration of protein-protein interaction and gene expression

data. BMC Systems Biology,2012,6(1):1-9.

[273] Acencio M L,Lemke N. Towards the prediction of essential genes by integration of network topology,cellular localization and biological process information. BMC Bioinformatics,2009,10:290-307.

[274] Peng X,Wang J,Zhong J,et al. An efficient method to identify essential proteins for different species by integrating protein subcellular localization information. Bioinformatics and Biomedicine IEEE International Conference on 2015,2015:277-280.

[275] He X,Zhang J. Why do hubs tend to be essential in protein networks? PLoS Genet,2006,2:e88.

[276] Hart G T,Lee I,Marcotte E M. A high-accuracy consensus map of yeast protein complexes reveals modular nature of gene essentiality. BMC Bioinformatics,2007,8(236).

[277] Zotenko E,Mestre J,O'Leary DP,Przytycka T M. Why do hubs in the yeast protein interaction network tend to be essential: reexamining the connection between the network topology and essentiality. PLoS Comput Biol,2008,4:e1000140.

[278] Wolfe C J,Kohane I S and Butte A J. Systematic survey reveals general applicability of "guilt-by-association" within gene coexpression networks. BMC Bioinformatics,2005,6(79).

[279] Radicchi F,Castellano C,Cecconi F,Loreto V,Parisi D. Defining and identifying communities in networks. Proc Natl Acad Sci U S A,2004,101(9):2658-2663.

[280] Tu B P,Kudlicki A,Rowicka M,McKnight S L. Logic of the yeast metabolic cycle: temporal compartmentalization of cellular processes. Science,2005,310:1152-1158.

[281] Mewes H W,et al. MIPS: analysis and annotation of proteins from whole genomes in 2005. Nucleic Acids Res,2006,34(Database issue):169-172.

[282] Cherry J M,et al. SGD: Saccharomyces Genome Database. Nucleic Acids Res,1998,26(1):73-79.

[283] Zhang R,Lin Y. DEG 5.0,a database of essential genes in both prokaryotes and eukaryotes. Nucleic Acids Res,2009,37(Database issue):455-458.

[284] Wang J, Li M, Wang H, Pan Y. A new method for identifying essential proteins based on edge clustering coefficient. IEEE/ACM Transactions on Computational Biology and Bioinformatics, 2012, 9(1).

[285] Ning K, Ng H K, Srihari S, Leong H W, Nesvizhskii A I. Examination of the relationship between essential genes in PPI network and Hub proteins in reverse nearest neighbor topology. BMC Bioinformatics, 2010, 11(505).

[286] Estrada E. Virtual identification of essential proteins within the protein interaction network of yeast. PROTEOMICS, 2006, 6(1): 35-40.

[287] Holman A, Davis P, Foster J, Carlow C, Kumar S. Computational prediction of essential genes in an unculturable endosymbiotic bacterium, Wolbachia of Brugia malayi. BMC Microbiology, 2009, 9(243).

[288] Enright A J, Van Dongen S, Ouzounis C A. An efficient algorithm for large-scale detection of protein families. Nucleic Acids Research, 2002, 30(7): 1575-1584.

[289] He X, Zhang J. Why do hubs tend to be essential in protein networks? PLoS Genet, 2006, 2(6): 1-9.

[290] Hart G T, Lee I, Marcotte E M. A high-accuracy consensus map of yeast protein complexes reveals modular nature of gene essentiality. BMC Bioinformatics, 2007, 8(1): 1-11.

[291] Radicchi F, Castellano C, Cecconi F, et al. Defining and identifying communities in networks. Proceedings of the National Academy of Sciences of the United States of America, 2004, 101(9): 2658-2663.

[292] Friedel C C, Zimmer R. Inferring topology from clustering coefficients in protein-protein interaction networks. BMC Bioinformatics, 2006, 7(1): 1-15.

[293] Huh W K, Falvo J V, et al. Global analysis of protein localization in budding yeast. Nature, 2003, 425(6959): 686-691.

[294] Stark C, Breitkreutz B J, et al. Biogrid: a general repository for interaction datasets. Nucleic Acids Research, 2006, 34(1): D535-D539.

[295] Binder J X, Pletscher-Frankild S, et al. COMPARTMENTS: unification and visualization of protein subcellular localization evidence. Database, 2014, 2014(bau012): 1-9.

[296] Estrada E. Virtual identification of essential proteins within the protein in-

teraction network of yeast. Proteomics,2006,6(1):35-40.

[297] Ning K,Ng H K,Srihari S,et al. Examination of the relationship between essential genes in PPI network and hub proteins in reverse nearest neighbor topology. BMC Bioinformatics,2010,11(1):1-14.

[298] Holman A,Davis P,Foster J,Carlow C,Kumar S. Computational prediction of essential genes in an unculturable endosymbiotic bacterium,Wolbachia of Brugia malayi. BMC Microbiology,2009,9(1):1-14.

[299] Rigaut G,Shevchenko A,Rutz B,Wilm M,Mann M. A generic protein purification method for protein complex characterization and proteome exploration. Nat Biotechnol,1999,17(10):1030-1032.

[300] Tarassov K,Messier V,Landry C R,Radinovic S,Molina M M,Shames I. An in vivo map of the yeast protein interactome. Science,2008,320(5882):1465-1470.

[301] Schonbach C. Molecular biology of protein-protein interactions for computer scientists. Biological data mining in protein interaction networks IGI Global,USA,2009:1-13.

[302] Tong A,Drees B,Nardelli G,Bader G,Brannetti B,Castagnoli L,Evangelista M,Ferracuti S,Nelson B,Paoluzi S,Quondam M,Zucconi A,Hogue C W,Fields S,Boone C,Cesareni G. A combined experimental and computational strategy to define protein interaction networks for peptide recognition modules. Science,2002,295(5553):321-324.

[303] Van Dongen S. Graph clustering by flow simulation. PhD Thesis University of Utrecht,2000.

[304] Enright A J, Van Dongen S, Ouzounis C A. An efficient algorithm for large-scale detection of protein families. Nucleic Acids Research, 2002, 30(7): 1575-1584.

[305] Brohee S,van Helden J,Evaluation of clustering algorithms for protein-protein interaction networks. BMC Bioinformatics,2006,7:488.

[306] Krogan N,Cagney G,Yu H,Zhong G,Guo X,et al. Global landscape of protein complexes in the yeast Saccharomyces cerevisiae. Nature,2006,440(7084):637-643.

[307] Pu S,Vlasblom J,Emili A,Greenblatt J,Wodak S J. Identifying functional modules in the physical interactome of Saccharomyces cerevisiae. Pro-

teomics,2007,7(6):944-960.

[308] Hart G T,Lee I,Marcotte E. A high-accuracy consensus map of yeast protein complexes reveals modular nature of gene essentiality. BMC Bioinformatics,2007,8:236.

[309] Friedel C C,Krumsiek J,Zimmer R. Boostrapping the Interactome: Unsupervised Identification of Protein Complexes in Yeast. RECOMB, 2008, 3-16.

[310] Bader G,Hogue C. An automated method for finding molecular complexes in large protein interaction networks. BMC Bioinformatics,2003,4:2.

[311] Adamcsek B, Palla G, Farkas I J, Derenyi I, Vicsek T. CFinder: locating cliques and overlapping modules in biological networks. Bioinformatics, 2006,22(8):1021-1023.

[312] Palla G,Derenyi I,Farkas I,Vicsek T. Uncovering the overlapping community structure of complex networks in nature and society. Nature, 2005, 435(7043):814-818.

[313] Wu M,Li X L,Kwoh C K,Ng S K. A core-attachment based method to detect protein complexes in PPI networks. BMC Bioinformatics, 2009, 10:169.

[314] Liu G, Wong L, Chua H N. Complex discovery from weighted PPI networks. Bioinformatics,2009,25(15):1891-1897.

[315] Jiang P,Singh M. SPICi: a fast clustering algorithm for large biological networks. Bioinformatics,2010,26(8):1105-1111.

[316] Wang J,Li M,Chen J,Pan Y. A fast hierarchical clustering algorithm for functional modules discovery in protein interaction networks. Computational Biology and Bioinformatics, IEEE/ACM Transactions on 2011, 8(3):607-620.

[317] Nepusz T,Yu H,Paccanaro A. Detecting overlapping protein complexes in protein-protein interaction networks. Nature Methods, 2012, 9 (5): 471-475.

[318] Bhardwaj N,Lu H. Correlation between gene expression profiles and protein-protein interactions within and across genomes. Bioinformatics,2005, 21(11):2730-2738.

[319] Wolfe C J,Kohane I S,Butte A J. Systematic survey revals general applica-

bility of "guilt-by-association" within gene coexpression networks. BMC Bioinformatics,2005,6(79).

[320] Feng J,Jiang R,Jiang T. A max-flow based approach to the identification of protein complexes using protein interaction and microarray data. CSB, 2008,51-62.

[321] Maraziotis I,Dimitrakopoulou K,Bezerianos A. Growing functional modules from a seed protein via integration of protein interaction and gene expression data. BMC Bioinformatics,2007,8:408.

[322] Shatkay H,Edwards S,Wilbur W J,Boguski M. Genes,themes,and microarray: using information retrieval for large-scale gene analysis. Proceedings of the Eighth International Conference on Intelligent Systems for Molecular Biology, August 16-23, La Jolla, California Edited by: Altman R,Bailey TL, Bourne P, Gribskov M, Lengauer T, Shindyalov IN, Eyck LFT,Weissig H. AAAI Press;2000:317-328.

[323] Radicchi F, Castellano C, Cecconi F, Loreto V, Parisi D. Defining and Identifying Communities in Networks. Proc Nat'l Academy of Sciences USA,2004,101(9):2658-2663.

[324] Goh K I, Cusick M E, Valle D, Childs B, Vidal M, Barabasi A L. The human disease network. Proc Nat'l Academy of Sciences USA, 2007, 104(21):8685-8690.

[325] Dezso Z,Oltvai Z D,Barabasi A L. Bioinformatics analysis of experimentally determined protein complexes in the yeast saccharomyces cerevisiae. Genome Res,2003,13:2450-2454.

[326] Futcher B,Latter G I,Monardo P,McLaughlin C S,Garrels J I. A sampling of the yeast proteome. Mol Cell Biol,1999,19:7357-7368.

[327] Greenbaum D, Jansen R, Gerstein M. Analysis of mRNA expression and protein abundance data: An approach for the comparison of the enrichment of features in the cellular population of proteins and transcripts. Bioinformatics,2002,18:586-596.

[328] Jansen R, Greenbaum D, Gerstein M. Relating whole-genome expression data with protein-protein interactions. Genome Res,2002,12:37-46.

[329] Tornow S,Mewes H W. Functional modules by relating protein interaction networks and gene expression. Nucleic Acids Research, 2003, 31:

6283-6289.

[330] Wang J, Li M, Wang H, Pan Y. A new method for identifying essential proteins based on edge clustering coefficient. IEEE/ACM Transactions on Computational Biology and Bioinformatics, 2012, 9(1).

[331] Zotenko E, Mestre J, O'Leary D P, Przytycka T M. Why do Hubs in the yeast protein interaction network tend to be essential: reexamining the connection between the network topology and essentiality. PLoS Comput Biol, 2008, 4:e1000140.

[332] He X, Zhang J. Why do hubs tend to be essential in protein networks? PLoS Genet, 2006, 2:e88.

[333] Pu S, Wong J, Turner B, Cho E, Wodak S J. Up-to-date catalogues of yeast protein complexes. Nucleic Acids Res, 2009, 37(3):825-831.

[334] Altaf-Ul-Amin M, Shinbo Y, Mihara K, Kurokawa K, Kanaya S. Development and implementation of an algorithm for detection of protein complexes in large interaction networks. BMC Bioinformatics, 2006, 7:207.

[335] Li X, Foo C, Ng S. Discovering protein complexes in dense reliable neighborhoods of protein interaction networks. CSB, 2007:157-168.

[336] Tu B P, Kudlicki A, Rowicka M, McKnight S L. Logic of the yeast metabolic cycle: temporal compartmentalization of cellular processes. Science, 2005, 310:1152-1158.

[337] Mewes H W, et al. MIPS: analysis and annotation of proteins from whole genomes in 2005. Nucleic Acids Res, 2006, 34(Database issue):169-172.

[338] Cherry J M, et al. SGD: saccharomyces genome database. Nucleic Acids Res, 1998, 26(1):73-79.

[339] Zhang R, Lin Y. DEG 5.0, a database of essential genes in both prokaryotes and eukaryotes. Nucleic Acids Res, 2009, 37(Database issue):455-458.

[340] Li X L, Wu M, Kwoh C K, Ng S K. Computational approaches for detecting protein complexes from protein interaction networks: a survey. BMC Genomics, 2010, 11(suppl+1):S3.

[341] Hu H, Yan X, Huang Y, Han J, Zhou X. Mining coherent dense subgraphs across massive biological networks for functional discovery. Bioinformatics, 2005, 21(suppl 1): 213-221.

[342] Boyle E I, Weng S, Gollub J, Jin H, Botstein D, Cherry J M, Sherlock G. GO::TermFinder-open source software for accessing gene ontology information and finding significantly enriched gene ontology terms associated with a list of genes. Bioinformatics, 2004, 20(18): 3710-3715.

[343] Daraselia N, Yuryev A, Egorov S, Mazo I, Ispolatov I. Automatic extraction of gene ontology annotation and its correlation with clusters in protein networks. BMC Bioinformatics, 2007, 8: 243.

[344] Collins S R, Kemmeren P, Zhao X C, Greenbalt J F, Spencer F, Holstege F, Weissman J, Krogan N J. Toward a comprehensive atlas of the physical interactome of Saccharomyces cerevisiae. Mol Cell Proteomics, 2007, 6: 439-450.

[345] Krogan N, Cagney G, Yu H, Zhong G, et al. Global landscape of protein complexes in the yeast Saccharomyces cerevisiae. Nature, 2006, 440(7084): 637-643.

[346] Pu S, Wong J, Turner B, Cho E, Wodak S J. Up-to-date catalogues of yeast protein complexes. Nucleic Acids Res, 2009, 37(3):825-831.

[347] Bader G D, Hogue C W. An automated method for _nding molecular complexes in large protein interaction networks. BMC Bioinformatics, 2003, 4(2).

[348] Jansen R, Gerstein M. Analyzing protein function on a genomic scale: the importance of gold-standard positives and negatives for network prediction. Curr Opin Microbiol, 2004, 7:535-545.

[349] Jansen R, Yu H, Greenbaum D, Kluger Y, Krogan N J, Chung S, Emili A, Snyder M, Greenblatt J F, Gerstein M. A Bayesian networks approach for predicting protein-protein interactions from genomic data. Science, 2003, 302: 449-453.

[350] Friedel C C, Krumsiek J, Zimmer R. Boostrapping the interactome: unsupervised identification of protein complexes in yeast. RECOMB, 2008: 3-16.

[351] Huh W K K, et al. Global analysis of protein localization in budding yeast. Nature, 2003, 425:686-691.

[352] Ashburner M, Ball C A, Blake J A, Botstein D, Butler H, Cherry J M, Davis A P, Dolinski K, Dwight S S, Eppig J T, AHarris M, Hill D P, Issel-Tarver

L, Kasarskis A, Lewis S, Matese J C, Richardson J E, Ringwald M, Rubin G M, Sherlock G. Gene ontology: tool for the unification of biology. The Gene Ontology Consortium Nat Genet, 2000, 25: 25-9.

[353] Camon E, Magrane M, Barrell D, Lee V, Dimmer E, Maslen J, Binns D, Harte N, Lopez R, Apweiler R. The gene ontology annotation (GOA) database: sharing knowledge in uniprot with Gene Ontology. Nucleic Acids Res, 2004: D262-D266.

[354] Schlicker A, Domingues F S, Rahnenführer J, Lengauer T. A new measure for functional similarity of gene products based on gene ontology. BMC Bioinformatics, 2006, 7: 302.

[355] Van Dongen S. Graph clustering by flow simulation. PhD Thesis University of Utrecht, 2000.

[356] Enright A J, Van Dongen S, Ouzounis C A. An efficient algorithm for large-scale detection of protein families. Nucleic Acids Research, 2002, 30(7): 1575-1584.

[357] Nepusz T, Yu H, Paccanaro A. Detecting overlapping protein complexes in protein-protein interaction networks. Nature Methods, 2012, 9 (5): 471-475.

[358] Wang J, Li M, Chen J, Pan Y. A fast hierarchical clustering algorithm for functional modules discovery in protein interaction networks. Computational Biology and Bioinformatics, IEEE/ACM Transactions on 2011, 8(3): 607-620.

[359] Jiang P, Singh M. SPICi: a fast clustering algorithm for large biological networks. Bioinformatics, 2010, 26(8): 1105-1111.

[360] Mellitus D. Diagnosis and classification of diabetes mellitus. Diabetes Care, 2005, 28(S37).

[361] Davies J L, Kawaguchi Y, Bennett S T, et al. A genome-wide search for human type 1 diabetes susceptibility genes. Nature, 1994, 371(6493): 130-136.

[362] Butler A E, Janson J, Bonner-Weir S, et al. Cell deficit and increased-cell apoptosis in humans with type 2 diabetes. Diabetes, 2003, 52(1): 102-110.

[363] Buchanan TA, Xiang AH: Gestational diabetes mellitus. The Journal of clinical investigation, 2005, 115(3): 485-491.

[364] Marx J. Unraveling the causes of diabetes. Science, 2002, 296(5568): 686.

[365] Notkins A L. The causes of diabetes. Scientific American,1979,241(5):62.

[366] Loeken M R. Advances in understanding the molecular causes of diabetes-induced birth defects. Journal of the Society for Gynecologic Investigation, 2006,13(1):2-10.

[367] Nguyen C, Varney M D, Harrison L C, et al. Definition of high-risk type 1 diabetes HLA-DR and HLA-DQ types using only three single nucleotide polymorphisms. Diabetes,2013,62(6):2135-2140.

[368] Hu X, Deutsch A J, Lenz T L, et al. Additive and interaction effects at three amino acid positions in HLA-DQ and HLA-DR molecules drive type 1 diabetes risk. Nature genetics,2015,47(8):898-905.

[369] Chen L M. Association of the HLA-DQA1 and HLA-DQB1 alleles in type 2 diabetes mellitus and diabetic nephropathy in the Han Ethnicity of China. Experimental Diabetes Research,2013.

[370] Ionov Y, Peinado M A, Malkhosyan S, et al. Ubiquitous somatic mutations in simple repeated sequences reveal a new mechanism for colonic carcinogenesis. Nature,1993,363(6429):558-561.

[371] Khalek F J A, Gallicano G I, Mishra L. Colon cancer stem cells. Gastrointestinal cancer research. GCR,2010,(Suppl 1):s16-s23.

[372] Markowitz S D, Bertagnolli M M. Molecular origins of cancer: Molecular basis of colorectal cancer. N Engl J Med,2009,361(25):2449-2460.

[373] Chano T, Kontani K, Teramoto K, et al. Truncating mutations of RB1CC1 in human breast cancer. Nature Genetics,2002,31(3):285.

[374] Campbell I G, Russell S E, Choong D Y H, et al. Mutation of the PIK3CA gene in ovarian and breast cancer. Cancer Research, 2004, 64 (21): 7678-7681.

[375] Perez-Iratxeta C, Bork P, Andrade M A. Association of genes to genetically inherited diseases using data mining. Nature Genetics, 2002, 31 (3): 316-319.

[376] Moody S E, Boehm J S, Barbie DA, et al. Functional genomics and cancer drug target discovery. Current Opinion in Molecular Therapeutics, 2010, 12(3): 284-293.

[377] Lage K, Karlberg E, et al. A human phenome-interactome network of protein complexes implicated in genetic disorders. Nat Bio, 2007, 25 (3):

309-316.

[378] Aerts S, Lambrechts D, et al. Gene prioritization through genomic data fusion. Nature Biotech-nology, 2006, 24(5): 537-544.

[379] Adie E, Adams R, et al. SUSPECTS: enabling fast and effective prioritization of positional candidates. Bioinformatics, 2006, 22(6): 773-774.

[380] Turner F, Clutterbuck D, Semple C. POCUS: mining genomic sequence annotation to predict disease genes. Genome Biology, 2003, 4(11): R75.

[381] Masotti D, Nardini C, et al. TOM: enhancement and extension of a tool suite for in silico approaches to multigenic hereditary disorders. Bioinformatics, 2008, 24(3): 428-429.

[382] Adie E A, Adams R R, et al. Speeding disease gene discovery by sequence based candidate prioritization. BMC Bioinformatics, 2005, 6(55).

[383] Stelzl U, Wanker E E. The value of high quality protein-protein interaction networks for systems biology. Curr Opin Chem Biol, 2006, 10: 551-558.

[384] Gandhi T K B, Zhong J, et al. Analysis of the human protein interactome and comparison with yeast, worm and fly interaction datasets. Nat Genet, 2006, 38: 285-293.

[385] Oti M, Snel B, Huynen M A, et al. Predicting disease genes using proteinCprotein interactions. Journal of Medical Genetics, 2006, 43(8): 691-698.

[386] Tang X, Yang X, et al. Identification of essential proteins via the network topology feature and subcellular localisation. Int J Data Mining and Bioinformatics, 2016, 16(4): 328C344.

[387] Kohler S, Bauer S, Horn D, et al. Walking the interactome for prioritization of candidate disease genes. The American Journal of Human Genetics, 2008, 82(4): 949-958.

[388] Erten S, Bebek G, et al. DADA: degree-aware algorithms for network-based disease gene prioritization. BioData Mining, 2011, 4(1): 1-20.

[389] Feldman I, Rzhetsky A, Vitkup D. Network properties of genes harboring inherited disease mutations. Proceedings of the National Academy of Sciences, 2008, 105(11): 4323-4328.

[390] Oti M, Brunner H G. The modular nature of genetic diseases. Clinical genetics, 2007, 71(1): 1-11.

[391] Goh K I, Cusick M E, Valle D, et al. The human disease network. Proceedings of the National Academy of Sciences, 2007, 104(21): 8685-8690.

[392] Edwards A M, Kus B, Jansen R, et al. Bridging structural biology and genomics: assessing protein interaction data with known complexes. TRENDS in Genetics 2002, 18(10): 529-536.

[393] Guan Y, Myers C L, Lu R, et al. A genomewide functional network for the laboratory mouse. PLoS Computational Biology, 2008, 4(9): e1000165.

[394] Wu C, Zhu J, Zhang X. Integrating gene expression and protein-protein interaction network to prioritize cancer-associated genes. BMC Bioinformatics, 2012, 13(1): 182.

[395] Chen J, Bardes E E, et al. ToppGene suite for gene list enrichment analysis and candidate gene prioritization. Nucleic Acids Research, 2009, 37(suppl 2): W305-W311.

[396] Li W, Chen L, He W, et al. Prioritizing disease candidate proteins in cardiomyopathy-specific protein-protein interaction networks based on "guilt by association" analysis. PloS One, 2013, 8(8): 1-10.

[397] Peng X, Wang J, et al. Rechecking the centrality-lethality rule in the scope of protein subcellular localization interaction networks. PloS One, 2015, 10(6): 1-22.

[398] Tang XW, Hu XH, et al. A algorithm for identifying disease genes by incorporating the sub-cellular localization information into the protein-protein interaction networks. Bioinformatics and Biomedicine (BIBM), IEEE International Conference on 2016, 2016: 308-311.

[399] Tang X W, Hu X H, et al. Predicting diabetes mellitus genes via protein-protein interaction and protein subcellular localization information. BMC Genomics, 2016, 17(suppl 4): 1-9.

[400] Altshuler D, Daly M, Kruglyak L. Guilt by association. Nature Genetics, 2000, 26(2): 135-138.

[401] Kohler S, Bauer S, Horn D, et al. Walking the interactome for prioritization of candidate disease genes. The American Journal of Human Genetics, 2008, 82(4): 949-958.

[402] Huh W K, Falvo J V, et al. Global analysis of protein localization in budding yeast. Nature, 2003, 425(6959): 686-691.

[403] Peng X, Wang J, et al. An efficient method to identify essential proteins for different species by integrating protein subcellular localization information. Bioinformatics and Biomedicine 2015, 2015: 277-280.

[404] Peng X, Wang J, et al. Rechecking the centrality-lethality rule in the scope of protein subcellular localization interaction networks. PloS One, 2015, 10(6).

[405] Tang X, Wang J, et al. Predicting essential proteins based on weighted degree centrality. IEEE/ACM Transactions on Computational Biology and Bioinformatics, 2014, 11(2): 407-418.

[406] Binder J X, Pletscher-Frankild S, et al. COMPARTMENTS: unification and visualization of protein subcellular localization evidence. Database, 2014: bau012. 13.

[407] Stark C, Breitkreutz B J, et al. Biogrid: a general repository for interaction datasets. Nucleic Acids Research, 2006, 34(1): D535-D539.

[408] Rende D, Baysal N, Kirdar B. Complex disease interventions from a network model for type 2 diabetes. PloS One, 2013, 8(6): e65854.

[409] Manabe Y, Tochigi M, et al. Insulin-like growth factor 1 mRNA expression in the uterus of streptozotocin-treated diabetic mice. Journal of Reproduction and Development, 2013, 59(4): 398-404.

[410] Liu X, Xu J. Reduced histone H3 acetylation in CD4. Disease Markers, 2015.

[411] Linner C, Svartberg J, Giwercman A, et al. Estrogen receptor alpha single nucleotide poly-morphism as predictor of diabetes type 2 risk in hypogonadal men. The Aging Male, 2013, 16(2): 52-57.

[412] Wei F J, Cai C Y, et al. Quantitative candidate gene association studies of metabolic traits in Han Chinese type 2 diabetes patients. Genetics and Molecular Research: GMR, 2015, 14(4): 15471.

[413] Devaney J M, Gordish-Dressman H, et al. AKT1 polymorphisms are associated with risk for metabolic syndrome. Human Genetics, 2011, 129(2): 129-139.

[414] Hami J, Kerachian M A, et al. Effects of streptozotocin-induced type 1 maternal diabetes on PI3K/AKT signaling pathway in the hippocampus of rat neonates. Journal of Receptors and Signal Transduction 2015, 2015: 1-7.

[415] Zheng H, Fu J, et al. CNC-bZIP protein Nrf1-dependent regulation of glucose-stimulated in-sulin secretion. Antioxidants & Redox Signaling, 2015, 22(10): 819-831.

[416] Hirotsu Y, Higashi C, et al. Transcription factor NF-E2-related factor 1 impairs glucose metabolism in mice. Genes to Cells 2014, 19(8): 650-665.

[417] Ferre S, de Baaij J H F, et al. Mutations in PCBD1 cause hypomagnesemia and renal magne-sium wasting. Journal of the American Society of Nephrology 2013, 2013: ASN. 2013040337.

[418] Simaite D, Kofent J, et al. Recessive mutations in PCBD1 cause a new type of early-onset diabetes. Diabetes, 2014, 63(10): 3557-3564.

[419] Han J, Zhang M, et al. The identification of novel protein-protein interactions in liver that affect glucagon receptor activity. PloS One, 2015, 10(6): e0129226.

[420] Somanath P R, Byzova T V. 14-3-3 beta-Rac1-p21 activated kinase signaling regulates Akt1-mediated cytoskeletal organization, lamellipodia formation and fibronectin matrix assembly. Journal of Cellular Physiology, 2009, 218(2): 394-404.

[421] Sakiyama H, Wynn R M, et al. Regulation of nuclear import/export of carbohydrate response element-binding protein (ChREBP) Interaction of an alpha-Helix of ChREBP with the 14-3-3 proteins and regulation by phosphorylation. Journal of Biological Chemistry, 2008, 283(36): 24899-24908.

[422] Chen J, Chen J K, et al. EGFR signaling promotes TGF-dependent renal fibrosis. Journal of the American Society of Nephrology, 2012, 23(2): 215-224.

[423] Chen J, Chen J K, Harris R C. EGF receptor deletion in podocytes attenuates diabetic nephropathy. Journal of the American Society of Nephrology, 2015, 26(5): 1115-1125.

[424] Hwang K W, Won T J, et al. Erratum to "Characterization of the regulatory roles of the SUMO". Diabetes/Metabolism Research and Reviews, 2012, 28(2): 196-202.

[425] Hwang K W, Won T J, et al. Characterization of the regulatory roles of the SUMO. Diabetes/Metabolism Research and Reviews, 2011, 27(8): 854-861.

[426] Owerbach D, Pina L, Gabbay K H. A 212-kb region on chromosome 6q25 containing the TAB2 gene is associated with susceptibility to type 1 diabetes. Diabetes, 2004, 53(7): 1890-1893.

[427] Altshuler D, Daly M, Kruglyak L. Guilt by association. Nature Genetics, 2000, 26(2): 135-138.

[428] Smith N G C, Eyre-Walker A. Human disease genes: patterns and predictions. Gene, 2003, 318: 169-175.

[429] Nair R, Rost B. Better prediction of subcellular localization by combining evolutionary and structural information. Proteins: Structure, Function, and Bioinformatics, 2003, 53(4): 917930.

[430] Gardy J L, Laird M R, Chen F, et al. PSORTb v. 2. 0: expanded prediction of bacterial protein subcellular localization and insights gained from comparative proteome analysis. Bioinfor-matics, 2005, 21(5): 617-623.

[431] Jones S, Rappoport J Z. Interdependent epidermal growth factor receptor signalling and traf-ficking. The International Journal of Biochemistry and Cell Biology, 2014, 51: 23-28.

[432] Plotnikov A, Zehorai E, Procaccia S, et al. The MAPK cascades: signaling components, nuclear roles and mechanisms of nuclear translocation. Biochimica et Biophysica Acta (BBA)-Molecular Cell Research, 2011, 1813(9): 1619-1633.

[433] Huh W K, Falvo J V, et al. Global analysis of protein localization in budding yeast. Nature, 2003, 425(6959): 686-691.

[434] Peng X, Wang J, et al. An efficient method to identify essential proteins for different species by integrating protein subcellular localization information. Bioinformatics and Biomedicine, 2015: 277-280.

[435] Vazquez F, Matsuoka S, Sellers W R, et al. Tumor suppressor PTEN acts through dynamic interaction with the plasma membrane. Proceedings of the National Academy of Sciences of the United States of America, 2006, 103(10): 3633-3638.

[436] Iijima M, Huang Y E, Luo H R, et al. Novel mechanism of PTEN regulation by its phos-phatidylinositol 4,5-bisphosphate binding motif is critical for chemotaxis. Journal of Biological Chemistry, 2004, 279(16): 16606-16613.

[437] Trotman L C,Wang X,Alimonti A,et al. Ubiquitination regulates PTEN nuclear import and tumor suppression. Cell,2007,128(1):141-156.

[438] Bassi C,Ho J,Srikumar T,et al. Nuclear PTEN controls DNA repair and sensitivity to genotoxic stress. Science,2013,341(6144):395-399.

[439] Li P,Wang D,Li H,et al. Identification of nucleolus-localized PTEN and its function in regulating ribosome biogenesis. Molecular Biology Reports,2014,41(10): 6383-6390.

[440] Zhu Y,Hoell P,Ahlemeyer B,et al. PTEN: a crucial mediator of mitochondria-dependent apoptosis. Apoptosis,2006,11(2):197-207.

[441] Bononi A,Bonora M,Marchi S,et al. Identification of PTEN at the ER and MAMs and its regulation of Ca2 and plus; signaling and apoptosis in a protein phosphatase-dependent manner. Cell Death and Differentiation,2013,20(12):1631-1643.

[442] Peng W,Wang J,Wang W,et al. Iteration method for predicting essential proteins based on orthology and protein-protein interaction networks. BMC Systems Biology,2012,6(1):1-17.

[443] Binder J X,Pletscher-Frankild S,et al. COMPARTMENTS: unification and visualization of protein subcellular localization evidence. Database,2014:1-9.

[444] Stark C,Breitkreutz B J,et al. Biogrid: a general repository for interaction datasets. Nucleic Acids Research,2006,34(1):D535-D539.

[445] Lu C C,Kuo H C,Wang F S,et al. Upregulation of TLRs and IL-6 as a marker in human colorectal cancer. International Journal of Molecular Sciences,2014,16(1):159-177.

[446] Okazaki S,Loupakis F,Stintzing S,et al. Clinical significance of TLR1 I602S polymorphism for patients with metastatic colorectal cancer treated with FOLFIRI plus bevacizumab. Molecular Cancer Therapeutics,2016,15(7):1740-1745.

[447] Yasui Y,Tanaka T. Protein expression analysis of inflammation-related colon carcinogenesis. Journal of Carcinogenesis,2009,8(1):1-10.

[448] Onstenk W,Sieuwerts A M,Mostert B,et al. Molecular characteristics of circulating tumor cells resemble the liver metastasis more closely than the primary tumor in metastatic colorectal cancer. Oncotarget,2016:1-12.

[449] Sethi M K, Thaysen-Andersen M, Kim H, et al. Quantitative proteomic analysis of paired colorectal cancer and non-tumorigenic tissues reveals signature proteins and perturbed pathways involved in CRC progression and metastasis. Journal of Proteomics, 2015, 126: 54-67.

[450] Williams C S, Zhang B, Smith J J, et al. BVES regulates EMT in human corneal and colon cancer cells and is silenced via promoter methylation in human colorectal carcinoma. The Journal of clinical investigation, 2011, 121(10): 4056-4069.

[451] Ivancic M M, Huttlin E L, Chen X, et al. Candidate serum biomarkers for early intestinal cancer using 15N metabolic labeling and quantitative proteomics in the Apc Min/+ Mouse. Journal of Proteome Research, 2013, 12(9): 4152-4166.

后　　记

早在2014年暑假，我就开始写这本专著，2015年年初，完成了大部分书稿，但是总觉得内容还比较单薄，加上后来又忙着出国访学，这事就搁置了。

2016年在美国访学，主要研究疾病基因识别算法，陆陆续续在该领域发表了几篇文章，如果补齐这些新成果，专著的内容就比较丰富了，可惜拖延症爆发，整个2017年都没有完成专著，造成了不可挽回的后果。

2018年初夏终于完成了书稿。

十多年的科研生涯，充满了艰辛和焦虑，当然也有喜悦。从产生一个设想到写成算法实现它，再到比较测试，最后发表论文，这个过程就像坐过山车，既有达到顶峰的愉悦，也有跌入低谷的沮丧。记得做那篇动态蛋白质网络构建算法的论文时，一开始测试结果非常好，挺开心，但根据个人的经验，测试初期的结果往往不是很准确，于是重做实验，果然发现算法有设计缺陷，修改之后，测试结果变得不怎么理想，因此算法必须推倒重来。随着一篇又一篇论文的发表，这个过程也一遍又一遍周而复始。

常常在思考一个问题：为什么要做科研？

一个比较高大上的回答是职业需要。大学教师的本职工作除了教学就是科研，二者相辅相成。教学注重传道授业解惑，目标是将现有的知识以最合理有效的方式传授给学生，科研注重理论和技术的创新，目标是在现有的学科体系中产生新的科学发现，一个优秀的高等教育工作者必须具备深厚的专业素养和广阔的学术视野，才能带领学生在求知的道路上越走越远，而不是原地踏步。正因为如此，一代史学大师陈寅恪在清华大学授课时提出了自己的三不原则：书本上有的不讲，自己讲过的不讲，别人讲过的不讲。

一个比较时髦的回答是拒绝平庸。大学教师如果将其全部的精力都投入到教学工作中去，很容易陷入重复性事务性劳动的汪洋大海并乐此不疲，成为真正的教书匠。而当其将一部分精力放到持续的科研工作中，从事创新型劳动时，每隔一段时间总会有新的成果出现，虽然这些成果可能不能立即产生直接的经济价值，但是给人内心的感受是美妙的，因为这意味着不断的进步，带给人心理的满足感极为强烈。

其实，我个人认为科研本就是人生的一部分。当人在无聊沉闷时，做做科研能让人觉得人生还有意义。